奇趣百科大揭秘

动植物王国中的魅力明星

崔钟雷 主编

知识出版社

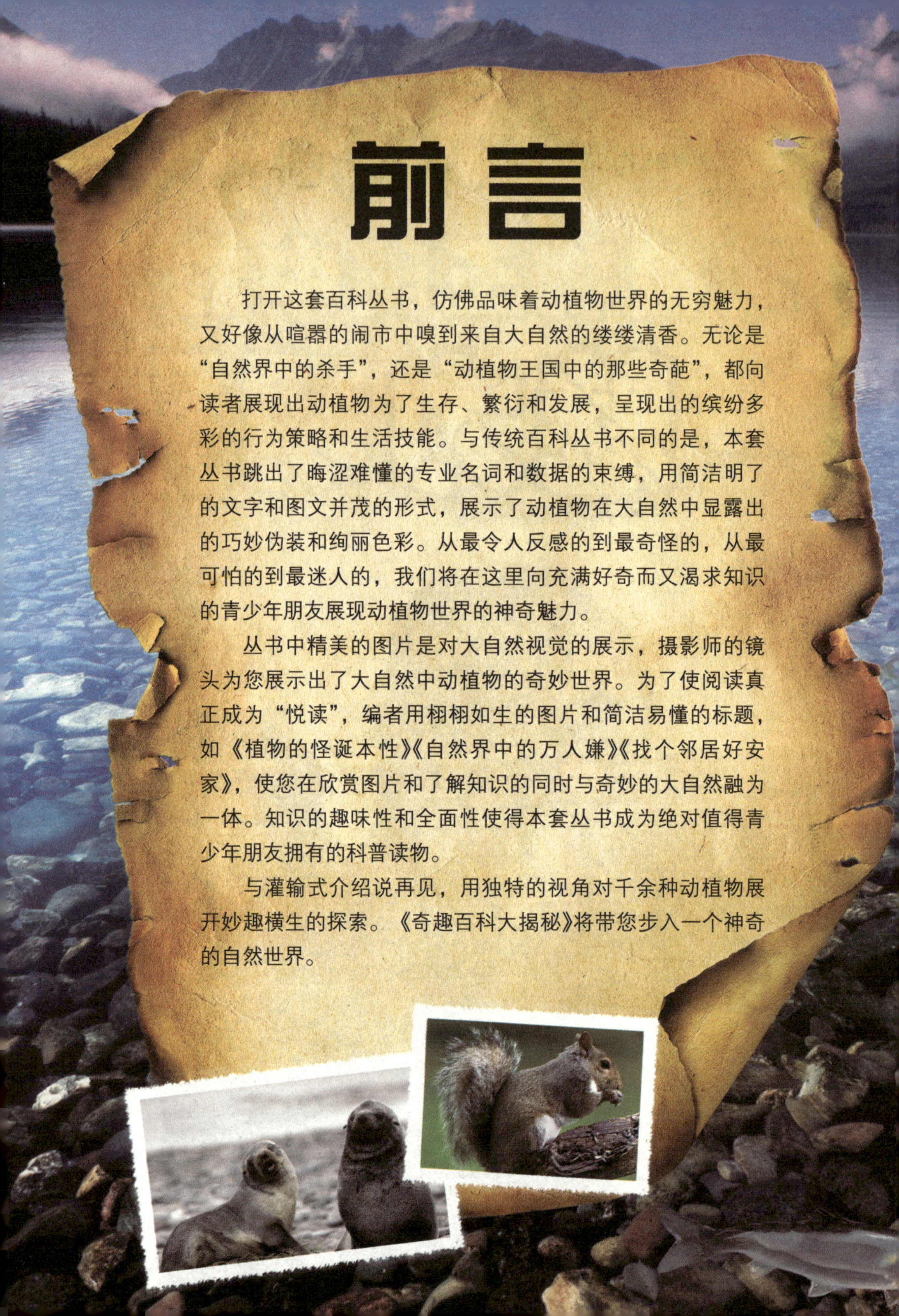

前言

打开这套百科丛书，仿佛品味着动植物世界的无穷魅力，又好像从喧嚣的闹市中嗅到来自大自然的缕缕清香。无论是“自然界中的杀手”，还是“动植物王国中的那些奇葩”，都向读者展现出动植物为了生存、繁衍和发展，呈现出的缤纷多彩的行为策略和生活技能。与传统百科丛书不同的是，本套丛书跳出了晦涩难懂的专业名词和数据的束缚，用简洁明了的文字和图文并茂的形式，展示了动植物在大自然中显露出的巧妙伪装和绚丽色彩。从最令人反感的到最奇怪的，从最可怕的到最迷人的，我们将在这里向充满好奇而又渴求知识的青少年朋友展现动植物世界的神奇魅力。

丛书中精美的图片是对大自然视觉的展示，摄影师的镜头为您展示出了大自然中动植物的奇妙世界。为了使阅读真正成为“悦读”，编者用栩栩如生的图片和简洁易懂的标题，如《植物的怪诞本性》《自然界中的万人嫌》《找个邻居好安家》，使您在欣赏图片和了解知识的同时与奇妙的大自然融为一体。知识的趣味性和全面性使得本套丛书成为绝对值得青少年朋友拥有的科普读物。

与灌输式介绍说再见，用独特的视角对千余种动植物展开妙趣横生的探索。《奇趣百科大揭秘》将带您步入一个神奇的自然世界。

目录

CONTENTS

第一章
动物王国中的魅力明星

目录
CONTENTS

奇趣百科大揭秘

QIQU BAIKE DAJIEMI

第一章

动物王国中的魅力明星

王者犀牛——白犀牛

白犀牛又叫方吻犀、宽吻犀等，体大威武，是体形最大的犀牛，也是仅次于象和河马的第三大陆生脊椎动物，堪称“犀牛之王”。目前野生白犀牛仅生长于乌干达和向北的尼罗河上游，存约4 000只。白犀牛的鼻梁上，长着两只奇特的角，前角长而向后弯，一般长度在80~100厘米之间，最长纪录已超过150厘米；后角长度一般在50厘米以下。形态奇特的白犀牛极具观赏价值，但由于人类的滥捕，白犀牛的数量越来越少，后被列入保护动物。

白犀牛的尖角长达150厘米，由毛发的角质硬化形成，非常坚硬和锋利，是其自卫和进攻的有力武器。

智多星训练营

白犀牛的社会结构比较复杂，一个家庭组群中会包括约14个成员，但较小的组群可能只有母亲和小犀牛。雄性白犀牛占领的地域小于雌性，但允许处于次主导地位的雄性和成年雌性在它们的领域中活动。占主导地位的雄性会将受孕期的雌性留在身边。

白犀牛管道状的耳朵可以旋转，听觉较为灵敏。

和其他犀牛一样，白犀牛也喜欢待在泥浆中，以降低身体的温度，同时也可以防止蚊虫的叮咬。

白犀牛的上唇平而宽，呈方形，故又有方吻犀之称，由于接触面积大，吃起草来就像割草机一样。

憨态可掬的非洲象

非洲象体形巨大，体重一般都会在4吨以上，大的甚至可以达到10吨，是陆地上最大的哺乳动物，非洲象一共分为两种：非洲草原象和非洲森林象。非洲草原象的耳朵大且下部比较尖，不论雌雄都有长而弯的象牙，看上去憨态可掬，非常可爱。非洲森林象耳朵圆，个体较小，一般不超过2.5米高，前足5趾，后足4趾，象牙质地要比非洲草原象更为坚硬。非洲象总是一副悠闲自得，泰然自若的样子，颇有几分“所向披靡，藐视天下”的意味。其实不然，非洲象更喜欢用温和的方式与其他动物“交流”，只有在愤怒和恐惧的时候才会使用“武力”，那时就是最凶猛的野兽也要退避三舍。

非洲象幼仔刚出生时没有牙齿，以后逐渐开始长牙。象牙有时因为使用过度，会出现磨损甚至断裂的情况，而一旦门齿断裂就会成为残废。

自然档案馆

纲：哺乳纲

目：长鼻目

科：象科

非洲象幼仔刚出生时体重约为109千克，大约3岁时才断奶，但会和母象共同生活8~10年。

智多星训练营

非洲象过着社会性很强的群居生活，象群一般由30~ 40只雌象和幼象组成，一只最老的雌象是这个家族的首领，承担着作为“长者”的责任，要照顾好家庭中所有的成员。当老象死亡时，其他的同伴会非常的悲痛，并且会不断地摇动它的身体，试图将其摇醒。

象牙用途很多，十分名贵，很多非洲象也因此遭殃，成为偷猎行为的牺牲品。

非洲象对水有一种与生俱来的亲切感，喜欢用象鼻将水喷到全身。之后，它们会再给皮肤喷上一层具有保护作用的泥土。

非洲象的耳朵大如蒲扇，可以散发热量，保持身体凉爽。

非洲象用它们的鼻子来闻、吃、交流、洗澡和喝水。鼻子前端有两个手指状的突起，非常敏感和灵巧，可以帮助它们控制物体。

浣熊并不冬眠，但在冬季特别寒冷的时候会匿藏起来，一般住在树洞、地洞或山洞中。

“讲究卫生”的浣熊

浣熊原产自北美洲，因其进食前要将食物在水中浣洗，故名浣熊。浣熊是单独的一科动物，长得一点儿都不像熊。浣熊种类繁多，包括小熊猫也属于浣熊科。浣熊的身体和四肢消瘦细长，鼻子也长长的，脸上有黑斑，看上去像是戴了一副墨镜。尾巴上的斑纹复杂而茂密，身上的毛颜色也很多，远看上去像是一个蓬松的掸子，很是可爱。它们靠触觉感知外界，喜欢生活在靠近水边而又树木繁茂的地方。浣熊是杂食性动物，浆果、昆虫、鸟蛋和其他小动物都可以成为它们的食物。浣熊一般在每年的1月或2月进行交配，在4月或5月产下幼仔，一次产仔4~5只。浣熊的寿命很短，一般只能存活几年，野生浣熊已知最长寿命为12年。

浣熊是夜行性动物，白天在树上休息，晚上出来活动，大多成对或结成家族一起活动。

浣熊非常适应城市的生活，生活在都市近郊的浣熊常会潜入人类住处寻找食物。

智多星训练营

为什么浣熊在吃食物前要洗食物呢？人们经过仔细观察发现，浣熊并不是“讲卫生”才洗食物的，而且就算是洗，所用的水往往是泥水，甚至要比没洗过的食物还脏。一些动物学家解释说：浣熊只是喜欢玩水中的食物，从中它们能得到很多乐趣而已。

“大个儿”长颈鹿

长颈鹿大多分布在非洲的稀树草原、灌木丛以及撒哈拉沙漠南部的森林地带，主要以植物的叶子为食。体重有900~1 800千克的长颈鹿是世界上身高最高的动物，成年长颈鹿的身高可达4~6米，它们皮肤表面的花斑网纹是一种天然的保护色，能够在一定程度上保护它们不被外敌袭击。长颈鹿的长脖子非常优雅，眼睛大而突出，这样很利于它们远眺并及时发现危险。长颈鹿的血压是正常人的3倍，这样才能够保证血液被输送到脑部。

长颈鹿身上覆盖着不规则的黄色、深褐色或黄色、黑色相间的网状斑纹，具有一定的伪装功能，是一种保护色。

智多星训练营

对于野生的长颈鹿来说，睡觉是一件棘手的事。它们身材高大，趴着睡的话，从地上站起来要花费整整1分钟的时间，这使得它们在睡眠时的逃生能力大打折扣，所以长颈鹿大部分时间都站着睡觉。

长颈鹿是所有哺乳动物中睡眠时间最短的，一般在二十分钟到两个小时之间。它们还可以睁着眼睛睡觉。

长颈鹿喜欢群居，一般十多头生活在一起，有时多达几十头。

长颈鹿幼仔一出生就有1.8米高，数小时后即可奔跑。

长颈鹿蹄子的直径与餐盘大小相当，当受到威胁时，长颈鹿用蹄子猛踢对方，一下就足以使狮子的头骨或肋骨碎裂。

长颈鹿的舌头长达40厘米，上有黏糊糊的口水，可以防止舌头在取食刺槐时受伤。此外，嘴唇和舌头上还有一层坚硬的角质层，也可以起到保护作用。

长颈鹿的脖子很长，因此当它们低下头时，耳朵后方的瓣膜能够调节血压，防止血压过高。

动物界的精灵——梅花鹿

梅花鹿素有“梅花仙子”的美誉。梅花鹿的身上长着棕黄色的毛，上面布满了白色的斑点，远远望去，如同一朵朵盛开的梅花，飘荡在茂密的森林中，梅花鹿得名也正由于此。梅花鹿是群居动物，喜欢成群生活在森林中，那里多样的树叶以及各种青草都是它们的美味食物。在炎热的夏季，它们在阴凉的密林中生活；而到了寒冷的冬季，它们就会转移到阳光充足的山坡上。梅花鹿性格非常温顺，体态也非常可爱，在动物园中，非常受人们喜爱。很多小朋友都愿意和梅花鹿交朋友。

梅花鹿的嗅觉和听觉灵敏，视觉较弱，容易受到惊吓。

智多星训练营

梅花鹿天生非常胆小，从来不轻易离开自己的聚居地。通常集体活动，一起寻找食物和水源。它们生性敏感而机警，发现任何风吹草动就会马上伸长脖子、瞪大眼睛，进入警戒状态。一旦发生危险，它们就会两耳直立，屁股上的毛倒立，又咬牙又跺脚，翻起尾巴分泌出一种特殊的物质，尖叫着迅速逃离。

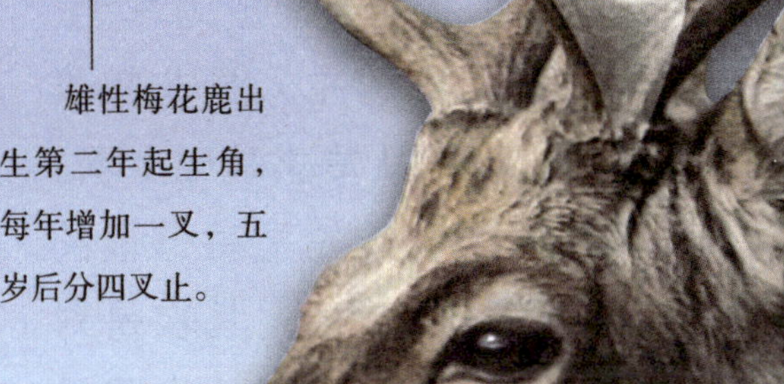

雄性梅花鹿出生第二年起生角，每年增加一叉，五岁后分四叉止。

梅花鹿四肢细长，蹄窄而尖，奔跑迅速，跳跃能力强，可连续大跨度跳跃，姿态优美潇洒，能在灌木丛中穿梭自如。

让你爱不够的狗

狗是我们最常见的一种犬科哺乳动物，是人类最忠实的朋友。如今大多数人把狗作为宠物来饲养。狗还可以被训练，用来从事捕猎畜牧、马戏表演、紧急救助等活动，或者经过特殊训练的狗能成为军犬、导盲犬等。狗对它的主人是非常忠诚的，其忠诚度，从情感基础上看，可能有两个来源：首先是对母性的一种依赖和信任的转接；其次是对群体领袖绝对服从的态度。也就是说，狗对主人的忠诚，其实是狗对母亲或群体领袖忠诚的一种置换。

狗是不耐热的动物，除了舌头上有汗腺之外，其余身体皮肤都没有排汗功能，所以狗身上不会流汗。天气炎热的时候，狗经常借着张开嘴巴及伸出舌头，来达到降温的目的。

狗喜欢啃骨头，这是狗从先祖那里继承的撕咬猎物的习惯。所以平常要适当喂一些骨头，以利于磨牙。

狗的耳朵是可以活动的，这可以帮助它们准确地定位声音的来源。

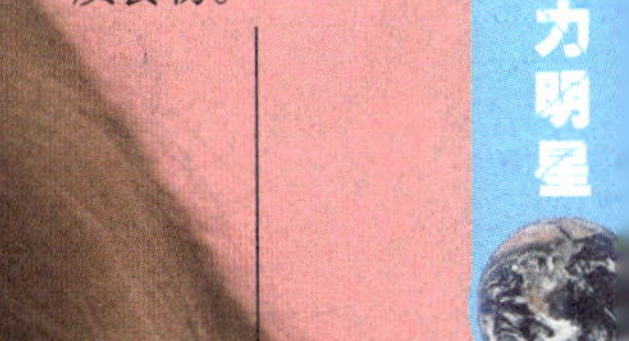

狗的消化道较短，但胃酸含量在所有家畜中居首位，加之肠壁较厚吸收能力强，适于消化肉质食物。

智多星训练营

现代家狗可分为两类：胡狼血统与狼种血统。胡狼血统狗，可以忠诚于所有对它表示友好的人，这种“忠诚”，对于某一个特定主人而言就是不忠诚的。狼种血统狗，一生只忠诚于一个主人，可以说，狼种血统狗对主人的这种忠诚才是绝对的忠诚。

机敏的精灵——兔子

兔子是一种性格温顺、惹人喜欢的小动物。耳朵根据品种不同有大有小，上唇中间分裂，是典型的三瓣嘴，尾短而且向上翘，前肢比后肢短，善于跳跃，反应机敏，跑得很快。兔子会通过很多“语言”和行为表达自己的情绪，诸如，咕咕叫表示不满，舔手表示感谢，侧睡表示很有安全感等等。兔子的视力范围差不多有360°，因此在后方发生的事，它们也可以看见。这为兔子能够及时避开四周猛兽的袭击提供了条件。

野兔一般单独或成对活动，没有地洞。它们依靠快速奔跑来逃避敌害，奔跑速度可达到50千米/小时。

雌性野兔一般在浅而隐蔽的兔窝中产仔，幼兔出生几个小时之后就可以奔跑。

兔子的肠胃内有各式菌种以维持体内肠胃功能的平衡，野外的兔子如果喝过量的水就可能破坏肠胃内菌种的平衡，导致身体不适，甚至是死亡。但宠物兔因为食用干饲料或是宠物食品的关系，则需要给予无限量的饮水（干净的熟水），以维持身体必要的循环运作。

智多星训练营

兔子的视力范围很广，不过兔了的视力却不是太好，兔了远视能力较好，但对于近距离的东西，它们是看不到或看不清楚的。而且，兔子是色盲，只能够分辨有限的几种颜色。除此之外，兔子主要看到的都是平面影像，因此对距离的感觉也不太好。这其中的很多原因我们还不得而知。

兔子全身都没有汗腺，所以不会流汗。它们可以通过两只竖立的大耳朵散热。

袋鼠幼仔在母体内发育不完全，属于早产胎儿，所以出生后就要进入育儿袋内继续发育。

澳大利亚亲善大使—袋鼠

袋鼠原产于澳大利亚大陆和巴布亚新几内亚的部分地区。袋鼠是食草动物，吃多种植物，有的还吃真菌。它们大多在夜间活动，但也有些在清晨或傍晚活动。所有袋鼠，不论体积多大，都有一个共同点：它们长着长脚的后腿都十分强健有力。袋鼠以跳代跑，最高可跳到4米，最远可跳至13米，可以说是跳得最高最远的哺乳动物。袋鼠在跳跃过程中用尾巴调整平衡，当它们缓慢走动时，尾巴则可作为第五条腿，绝对是一条“多功能”尾巴。

袋鼠是澳大利亚的象征物，出现在澳大利亚的国徽以及货币之中。澳大利亚的很多社会组织，也将袋鼠作为其标志。

智多星训练营

袋鼠是一种种族意识很强的动物，它们不欢迎外来成员加入，也排斥漂泊归来的“游子”。新成员若是执意加入某个袋鼠家族，就必须拿出点儿“诚意”，即毫无疑义地接受家族的“前辈们”的训诫。直到新成员“背熟家规”，才会被家族接纳。

地下建筑师——草原犬鼠

草原犬鼠原产于美洲大草原，它们也被称为土拨鼠，是一种小型穴栖啮齿目动物。草原犬鼠身长约30厘米，尾长约8厘米，杂食性，但多以植物为主。

草原犬鼠习惯于群体生活，通常以家庭为组织单位，每个家庭都占有一片领地，它们的睡眠、觅食等活动都在自己的领地内进行。

自然档案馆

纲：哺乳纲

目：啮齿目

科：松鼠科

草原犬鼠是美洲大草原生态链中极重要的一环，它们以植物为食，同时又为肉食动物提供食物来源。草原犬鼠数量的下降，是造成美国珍稀物种黑足雪貂濒临灭绝的重要原因。

草原犬鼠体色由黄色到褐色都有，体形矮胖，再配上短短的尾巴，样子非常可爱。草原犬鼠是地下城市的建筑师，它们在地下打洞，并且打的洞彼此之间是相通的，形成了一个庞大的地下交通网，这些洞连在一起之后，草原犬鼠就犹如生活在一个庞大的地下城市中。

智多星训练营

北美草原犬鼠是一种极具语言天赋的动物。一位美国生物学家潜心研究了犬鼠的报警叫声之后，发现它们可用不同的叫声区分捕猎者——包括人类、鹰、北美狼与猎狗。此外，这种草原犬鼠还能区别不同的人，它们甚至能在时隔两个月后再见到同一个人时发出相同的叫声。这一特点令生物学家们感到惊奇。

小巧可爱的眼镜猴

眼镜猴是一种珍贵的小型灵长类动物，是全世界已知的最小猴种。喜欢生活在茂密的次生林和灌丛中，原始森林中也有它们的身影。主要分布于东南亚的菲律宾等地，属于濒危动物。眼镜猴喜欢昼伏夜出，主要以昆虫或植物果实为食。它们听觉敏锐，颈部几乎可旋转360°。这有助于它们发现猎物和避开猫头鹰与小猫等敌人。眼镜猴能够在树上自由跳跃，并穿梭于树与树之间，哪怕这两棵树之间相隔3米多远，它们也能穿梭自如；眼镜猴可以用四肢行走，靠后肢在地面上跳跃或奔跑。它们是猴类中的“独行侠”，偏好独处，有时也勉强可以接受一两个“朋友”。

眼镜猴的尾巴比身体还长，近似体长的两倍，起着平衡和支柱的作用。

智多星训练营

眼镜猴最奇特之处在于眼睛，在它小小的脸庞上，长着两只圆溜溜的特别大的眼睛，眼珠的直径甚至超过了1厘米，好像戴着一副特大的旧式老花镜，和它的小身体很不相称。所以，人们才给它起了一个十分形象的名字：眼镜猴。

眼镜猴为夜行性动物，白天在树木的枝干上睡觉，夜晚来临时才开始活动，捕食昆虫。

眼镜猴四肢指头的前端钝而圆扁，有吸盘般的功能，可以使它们牢牢地攀附在树枝上。

金发贵族——金丝猴

现在除我国外，在世界上仅有法国、英国等极少数国家的博物馆中收藏有若干金丝猴标本。它们的珍贵程度与大熊猫一样，同属“国宝级动物”，它们毛色艳丽，形态独特，动作优雅，性情温和，深受人们的喜爱。金丝猴具有典型的家庭生活方式，成员之间相互关照，一起觅食，一起玩耍休息。

金丝猴栖息在海拔2 000~3 000米的高山密林中，以野果、嫩芽、竹笋等植物为食，有垂直迁徙的习性。

金丝猴为群居动物，每个大的集群以家族性的小集群为活动单位，最大的群体可达600多只。

为了适应高海拔地区的缺氧环境，金丝猴的鼻孔与面部几乎平行，鼻梁骨退化，减少了在稀薄空气中呼吸的阻力。

在金丝猴的家中，未成年的小金丝猴有着强烈的好奇心。纵使它们非常调皮，也备受父母宠爱，但小公猴成年后就会被爸爸赶出家门，只能自己到野外独立生活。

智多星训练营

金丝猴有四种类别，分别是：滇金丝猴、黔金丝猴、川金丝猴和越南金丝猴。其中，滇金丝猴因有一副“面白唇红”的姣好容貌为其赢得“最美的灵长类动物”的美誉。它嘴唇宽厚、红艳，一双杏眼，一只上翘的鼻子，非常好看。幼仔灰白色，憨态可掬。在金丝猴中，只有川金丝猴全身是金黄毛色，其他三种都没有金色的体毛。

金丝猴幼仔脸呈暗蓝色，毛色棕黄，叫声如婴儿啼哭的声音。

川金丝猴吻部肥大，嘴角处有瘤状突起，并且随着年龄的增长不断变大、变硬。

毛色黑灰的滇金丝猴分布于云南和西藏海拔2 500~5 000米的高山针叶林区，是世界上栖息海拔最高的灵长类动物。

母爱在金丝猴中表现得特别突出，特别是在哺乳期，母猴总是把小猴紧紧抱在胸前，或是抓住小猴的尾巴，不离左右。

超级元老——树蛙

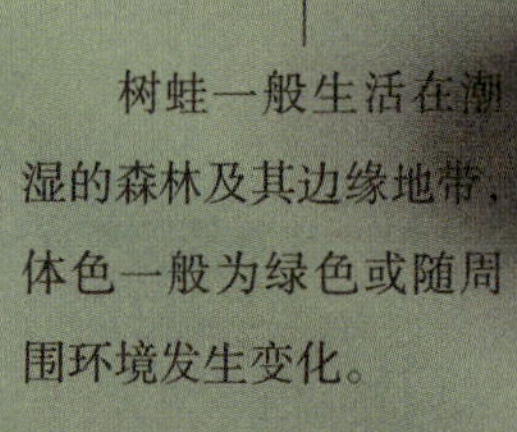

树蛙一般生活在潮湿的森林及其边缘地带，体色一般为绿色或随周围环境发生变化。

蛙科有10~12属，200~300种，广泛分布于亚洲、非洲热带和亚热带地区，在马达加斯加岛上也能见到。树蛙身体多细长而扁，后肢长，吸盘大，指间有发达的蹼。末端两指骨节间有介间软骨，与树栖生活相适应。中国有29种，斑腿树蛙分布最广，北达甘肃南部，南至西藏南部。常见的树蛙种类有：红眼树蛙、斑腿树蛙和红蹼树蛙。

智多星训练营

科学家们对一块在墨西哥发现的珍贵琥珀进行研究后发现，琥珀中完整保存的一只小树蛙是2500万年前的“超级元老”。科学家通过对这块琥珀以及它被埋藏的地质层展开研究，推断琥珀中的树蛙已经有2500万年的历史。

自然档案馆

纲：两栖纲

目：无尾目

科：树蛙科

树蛙四肢指端长着许多纤细的毛，上面还附着着一层胶状物，能够牢牢地抓住树干。

树蛙的繁殖方式反映了其树栖习性，它们一般将卵产在水塘上方的树叶上。卵孵化以后，小蝌蚪通过运动或是雨水冲刷，到达树下水塘，继续发育。

红眼树蛙食物较多，任何能塞进口的昆虫和其他动物都吃，包括同类的幼仔。

树蛙皮肤下有丰富的腺体，能够时刻保持皮肤湿润，辅助肺部进行呼吸。

黑蹼树蛙的蹼非常发达，能从4~5米的高处做抛物线式的滑翔。滑翔过程中，宽大的蹼张开，以减缓下落时的速度。

美丽的水底彩虹——孔雀鱼

孔雀鱼别名彩虹鱼、百万鱼、库比鱼，孔雀鱼原产于南美洲的委内瑞拉、圭亚那、巴西北部和南北美洲之间的西印度群岛等地。

自然档案馆

纲：辐鳍鱼纲

目：鲤齿目

科：花鳉科

孔雀鱼的种类繁多，目前基本上分成以下几种：礼服、马赛克、草尾、剑尾、金属、蛇王。孔雀鱼为杂食性小型鱼种，一般不挑食，只要能一口吞下的生物，都可以成为它们的食物。孔雀鱼性情温和，活泼好动，具群集性，能与温和的中小型热带鱼和平共处。孔雀鱼的繁殖能力很强，每月可产一次卵，每次可产10~120尾仔鱼，但孔雀鱼寿命很短，一般只能存活2~3年。孔雀鱼对环境的适应能力很强，所以目前全世界几乎随处都能见到它们的“芳踪”。

智多星训练营

雌的孔雀鱼腹部隆起，在肛门前方长有一块透明的胎斑。当生殖期来临的时候，胎斑就会变成黑色。而雄的孔雀鱼腹部平实，躯体瘦长，在它的臀鳍处长有一个交接器，用于繁殖时候输送精子。因此长在雄鱼的臀鳍上方的几根鳍条比其他的要粗大。而雌鱼的鳍条则都是一样大小的。

孔雀鱼体形修长，有极为美丽的尾鳍，且形状千姿百态，圆尾、旗尾、三角尾、火炬尾、琴尾、燕尾、裙尾等，极具特色。

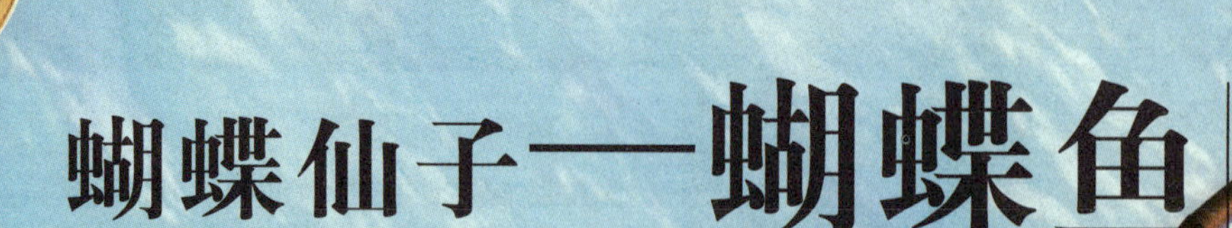

蝴蝶仙子——蝴蝶鱼

蝴蝶鱼为蝶鱼科鱼类，俗称热带鱼，是近海暖水性小型珊瑚礁鱼类，主要分布在太平洋、东非至日本等海域。它们外形美丽，其体色可随周围环境的变化而改变，犹如陆地上的蝴蝶一般。蝴蝶鱼身体侧扁，适宜在珊瑚丛中来回穿梭，它们能迅速而敏捷地消失

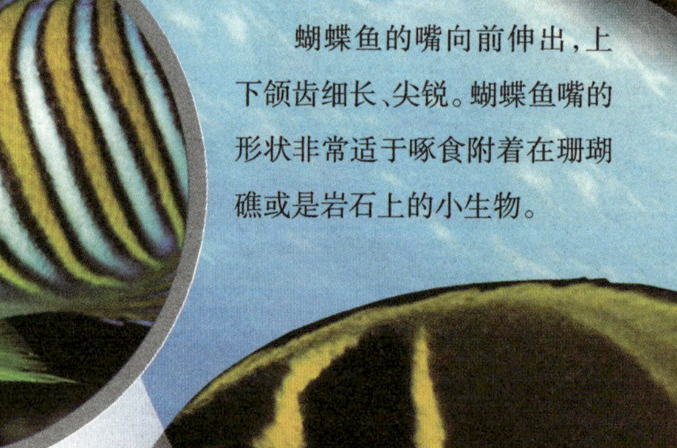

蝴蝶鱼的嘴向前伸出，上下颌齿细长、尖锐。蝴蝶鱼嘴的形状非常适于啄食附着在珊瑚礁或是岩石上的小生物。

在珊瑚枝或岩石缝隙里。蝴蝶鱼为肉食性鱼类，多以毛类、小型甲壳类动物以及小型鱼类果腹。蝴蝶鱼对爱情忠贞不二，常与爱人形影不离，好似水生鸳鸯。它们成双成对地在珊瑚礁中游弋、戏耍，当一尾进行摄食时，另一尾就在其周围警戒，看起来非常恩爱。

智多星训练营

有些蝴蝶鱼有极巧妙的伪装本领，它们常把自己真正的眼睛隐藏在身体上的黑色条纹中，而在尾柄或背鳍处有一个醒目的“伪眼”。蝴蝶鱼常以此来迷惑敌人，当敌害向“伪眼”袭击时，它便迅速掉转方向，逃之夭夭了。

蝴蝶鱼的胸鳍发达，从上方看像一只展翅飞翔的蝴蝶。捕食时，可以跃出水面。

蝴蝶鱼生活在五光十色的珊瑚礁中，其艳丽的体色可随周围环境的变化而改变。

蝴蝶鱼大多数为日行性鱼类，在白天觅食，晚上休息。觅食时，有时独游，有时成对，有时群游。

蝴蝶鱼食性范围很广，有些种类在水层中拣食浮游生物，有些在岩石表面或是缝隙中啄食小型无脊椎动物及藻类，还有一些只吃珊瑚虫。

海底的装饰品——珊瑚

珊瑚的外形非常像树枝，有很多人曾误认为它是植物，但它却不是植物，而是地地道道的动物。珊瑚喜欢生活在温度比较高的浅海中，不断地进行繁殖生长，长成一个个小小的珊瑚虫。所以，它是由无数的珊瑚虫组成的。这些细小的珊瑚虫只有在显微镜下才能够清晰地看到，否则，我们的肉眼是无法察觉的。珊瑚虫虽然非常细小，但是它们却能够凭借着触手，捕捉到更小的浮游生物。珊瑚虫最喜欢吃黄藻，它们之所以能够不断生长，和黄藻的功劳是密不可分的。

智多星训练营

在神秘的自然界中，很多动物的年龄都是难以预知的，但是珊瑚却不同，人们能够轻易推断出珊瑚的年龄。因为珊瑚会随着季节的变化，累积形成较为疏松或者较为紧致的骨骼。科学家们将珊瑚的骨骼切成薄片之后研究发现，在珊瑚的骨骼上有一明一暗像树木年轮一样的痕迹，据此便可以顺利推断出珊瑚的年龄。

珊瑚的颜色与共生藻类的颜色有关，如果珊瑚体内共生藻类数量下降，会造成珊瑚的白化现象。珊瑚缤纷的色彩能够调节光线中的荧光色素，对与其共生的藻类及自身对海底明暗环境的适应有重要的作用。

深海美人鱼——儒艮

儒艮是珍稀海洋哺乳动物，对于研究生物进化、动物分类等极具参考价值。儒艮因生活在海藻丛中，远远看去，好像是披着一头长发的女性，因而又有“美人鱼”之称。儒艮的外形其实并不美，它们身形巨大，脑袋却很小，眼睛也不大，鼻孔顶在头上，耳朵没有外耳壳，厚厚的唇边曝露着两颗獠牙，尾巴长得像月牙，样子十分难看。但是儒艮的生活习性与人类极为接近，体态也与妇人相像，所以在它偶尔腾流而起，浮出海面时，也确实会让人产生看见“美人鱼”的错觉。

儒艮以海生植物的根、茎、叶及部分海藻为食，常会用宽大而可抓握的吻吃掉整株植物。

自然档案馆

纲：哺乳纲

目：海牛目

科：儒艮科

儒艮常将半个身子露出水面，用胸鳍抱着幼仔哺乳，与传说中的“美人鱼”类似。

儒艮通常单独活动，有时也会组成6头左右的小群体。它们通常在隐蔽条件较好的海草区底部生活，定期浮出水面呼吸。

智多星训练营

儒艮是海洋中唯一的草食哺乳动物，每天的食草量很大，能吃掉相当体重5%~10%的水草，因而得名“水中除草机”。热带和亚热带的一些地区海草成灾，这会阻碍水电站发电，堵塞河道和水渠，妨碍航行，还给人类带来丝虫病、脑炎和血吸虫病等。儒艮在这样的地区用处很大，若是将它们放入其中，这些问题就都可以解决了。

水中艺术品——金鱼

金鱼分为文种、草种、龙种、蛋种四类，有红、橙、紫、蓝、黑、银白、五花等色彩，身姿优美，堪称“水中艺术品”。金鱼为杂食性鱼类，一般情况下以植物及小的水生生物为食。家养的金鱼也可以喂一些小型甲壳动物，剁碎的蚊类幼虫、谷类等食物。金鱼产卵期在春夏两季，进入这个阶段的金鱼体色更为鲜艳，雌鱼腹部逐渐隆起，雄鱼鳃盖、背部及胸鳍上开始布满针头大小的追星。金鱼一般把卵产在水生植物上，孵化约一周的时间。金鱼的平均寿命很短。用来观赏的金鱼的寿命要长一些，有的甚至可活25年之久。

自然档案馆

纲：辐鳍鱼纲

目：鲤形目

科：鲤科

野生鱼类中色彩鲜艳的种类有鲫鱼和鲤鱼等，但鲫鱼的遗传性状比较稳定，我国的金鱼主要是由鲤鱼发展而来的。

智多星训练营

金鱼的颜色繁多，这是因为金鱼的真皮层中含有很多色素细胞，这些色素细胞可以根据金鱼年龄、性别、健康以及所处的环境等情况自由组合，变幻颜色。而金鱼鱼体色素细胞的多少、分布的区域以及色素之间的配合情况则决定了金鱼的主体颜色和斑纹。这是鱼类对生存环境的特殊适应。这种变化，随着物种的不同，变色的能力和速度也会有所不同。

金鱼抵抗力较强，对生长环境要求不大。但金鱼的心脏较小，难以承受气温的剧烈变化，因此在昼夜温差较大的地区不适宜在室外养殖。

海中之花——海葵

海葵和珊瑚一样，都生活在蓝色的海洋中，珊瑚是“海底建筑师”，而海葵则是“海中之花”。人们之所以称其为“海葵”，是因为它们拥有许多鲜艳多彩的“手臂”，远远看去如同盛开的葵花，艳丽不可方物。海葵的触手中含有大量的毒液，但是它们从来不会“滥杀无辜”，它们只有在遇到危险的时候才分泌毒液抵御敌害。海葵的外表看上去非常像植物，然而它们确实是地

地道道的动物。全世界有1 000多种海葵，分布在世界各地的海洋中，从极地到热带，从潮间带到超过10 000米的海底深处，都有它们美丽的影子。

海葵没有骨骼，依靠底部强有力的吸盘锚靠在海底固定的物体上，如岩石和珊瑚。

智多星训练营

海葵并非生性温和，它们常与同类进行争斗，却能与其他动物和平相处。它们善“交际”，小丑鱼、小虾、寄居蟹等都是它们的好友。它们常常邀请“好友”到家中“做客”，并允许“好友们”长住。这些“客人”以海葵为基地，在周围觅食，一遇险情就立即向海葵求助。海葵不吝帮忙，“客人”自然“重金酬谢”，它们为海葵引来食物，双方互惠互利，各得其所。这种友好的往来被科学家们命名为“共生关系”。

海葵口盘周围有触手，触手上布满刺细胞，可以分泌毒液，起到保护作用，同时还可以抓捕猎物。

海葵是肉食性动物，捕食鱼、甲壳类动物、微小的海洋幼虫及蠕虫等。

红海葵是海洋中一种比较常见的海葵，多生活在退潮后的水洼中，它们体内充满了水，以防退潮时在空气中干死。

会变色的比目鱼

比目鱼又被称为鲽鱼，常栖息于浅海的沙质海底，有些则进入或永久生活在淡水中，属于肉食性鱼类，以捕食小鱼虾为生。比目鱼的身体扁平，双眼同位于身体朝上的一侧，这种身体结构非常适于在海床上的底栖生活。比目鱼向上的一侧身体颜色与周围环境相协调；而身体朝下的一侧为白色。其体表有极细密的鳞片，有一条背鳍几乎从头部延伸到尾鳍。形状十分奇

比目鱼幼鱼的眼睛和其他鱼一样，规规矩矩地长在身体两侧，但慢慢地，比目鱼一侧的眼睛开始发生变化，通过头的上缘逐渐移动到另一边，直到与另一只眼接近时，才停止移动。

特。比目鱼靠眼睛感应外界，当眼睛受到外界的颜色刺激时，性腺也同时会受到刺激，这些刺激通过神经系统的调节，使原来的皮肤细胞的色素粒进行重新排列，进而改变了皮肤的颜色，达到保护自身的目的。

智多星训练营

比目鱼是一种名贵的海产，在渔业上它又被叫作牙鲆。这种牙鲆的身体一般长25～50厘米，最大的约70厘米。牙鲆能够根据季节的交替进行短距离的集群洄游。牙鲆在我国沿海地区广泛分布，黄海、渤海的渔民们常用海底曳网对其进行捕捞。新鲜的牙鲆可以直接食用或制成罐头食品，其肝脏还可以提炼鱼肝油，营养物质含量较高。

比目鱼皮肤可以变色，朝上一面的颜色总能变得和周围环境的颜色一模一样。这样一来，它不仅可以逃脱掠食者的追捕，还可以用守株待兔的方式抓捕猎物，一举两得。

海洋勇士——海豚

海豚是海洋中最聪明的动物。它们喜欢和同伴们一起生活在温暖的海洋中。在人类遇到危险时，海豚会毫不犹豫地伸出援助之手，因此，它们是人类心中的精灵。海豚属于哺乳类动物，雌海豚需要怀胎一年才能生下小海豚。与其他陆上哺乳类动物不同的是，海豚出生时，像其他鲸目动物一样是尾巴先出来，这样可避免小海豚溺水。另外，小海豚出生后，雌海豚会协助它游上水面吸第一口空气。初生的小海豚重约10千克，长约90厘米，以母乳为食。通常海豚一胎只生一只，哺乳期为6个月。

海豚头部有特殊的额隆构造，用于发声和回声定位。海豚根据回声的强弱，判断障碍物的远近、大小。

海豚是社会性动物，一般组成十几头的小群活动。而在食物充裕的海域，这些小群的海豚会组成超过1 000头的“超级大群”。

智多星训练营

海豚有一种非常特别的“超能力”，当它们睡觉时，可以两个脑半球轮流休息。当左侧的大脑半球处于抑制状态时，右侧的大脑半球处于兴奋状态，约10 分钟交替一次。这样海豚就能一边游泳一边睡觉，所以它们可以终日搏击风浪，而不会感到疲乏。

温文尔雅的绅士——海豹

海豹是哺乳动物，它和陆地上的豹子是亲戚，但并不像豹子跑得那么快，因为海豹长了一双类似于鱼鳍的脚，所以在陆地上行走的速度非常缓慢。因此海豹一生中大部分的时间在海中度过，仅在繁殖、哺乳和换毛时才到岸边或冰上来。海豹最喜欢吃的食物是鱼类，尤其是那些人类不喜爱的鱼，还有几种海豹喜欢捕食的磷虾。别看海豹样子温驯，表面上看好像笨笨的，但海豹在捕食方面可是高手，即使在冰冷漆黑的水里，海豹也能捕猎。因为它们脸上的须子可以根据身边水压的变化估测到水中动物的方位，所以即使是视力不好的海豹也能成功猎食。

刚出生的小海豹全身被白色的胎毛包裹，与周围的冰雪融为一体，既可以伪装，又起到保暖的作用。

智多星训练营

海豹的表皮下有一层厚厚的脂肪，我们称之为兽脂。兽脂同鲸脂一样，具有保暖作用。即使在两极地带，海豹也能长时间在水里逗留。一些海豹还可以在水中逗留达30分钟之久，潜水深度达600多米。海豹潜水时先吸一口气，然后屏住呼吸，同时心跳降至每分钟4~15次，这样可以让血液中的氧气消耗得慢些。

雌海豹以营养丰富、富含脂肪的乳汁喂养幼仔，小海豹的体重每天可增加2.2千克左右。

海豹后脚不能向前弯曲，脚跟退化，不能用来行走，所以在陆地上行走时，总要拖着如同累赘的后脚，弯曲着身体爬行。

豹海豹是海豹中最凶猛的一种，除了捕食鱼类和乌贼外，也会捕食企鹅和其他海豹。

海豹的耳朵变得极小或退化成两个小孔，在游泳的时候，可以自由闭合。

“背着房子旅行”的扇贝

扇贝的外壳色彩斑斓，在五彩的贝壳里生长着它柔软的身体。这些美丽的贝壳不仅具有很高的观赏价值，同时能够帮助扇贝抵御外敌的攻击。扇贝最喜欢吸附在海底的沙子上或是浅海的岩石上，安静地看水草柔美的摇曳，看美丽鱼儿嬉戏。

扇贝的食性很特别，悬浮在海中的微型颗粒、有机物碎屑、浮游生物、藻类的孢子以及细菌等都是它们的理想食物。扇贝虽然生活在海中，但是它们只是吸附在海边的岩石、珊瑚礁上，或是将身体埋进沙中栖息。有些扇贝甚至贴在海龟、海蟹的壳或者海船壁上，随波逐流。

扇贝虽然没有明显的足，但可以游泳，它们通过间歇性地扇动贝壳，吐出水流，靠着水流产生的反作用力前进。

扇贝取食海洋中的微小生物，靠纤毛和黏液收集水中的食物颗粒。

海星是扇贝最重要的敌害，它会用腕包裹住扇贝，然后用管足吸附使贝壳张开，再将胃翻出消化扇贝柔软的肉体。

智多星训练营

扇贝的外壳看上去非常坚硬，但是它却属于软体动物，它柔软的身体表面有一层外套膜。扇贝能够分泌含钙物质，不仅能够形成坚硬而美丽的贝壳，而且还能分化形成软体动物的鳃、肺，有时候还具有运动、摄食功能以及感觉能力。在外套膜内有内脏团，具有消化、循环、排泄以及生殖等功能。

扇贝平时不大活动，大部分时间都是用足丝附着在浅海岩石或沙质海底生活的，一般右边的贝壳在下，左边的贝壳在上，平铺于海底。

直立游泳的鱼——海马

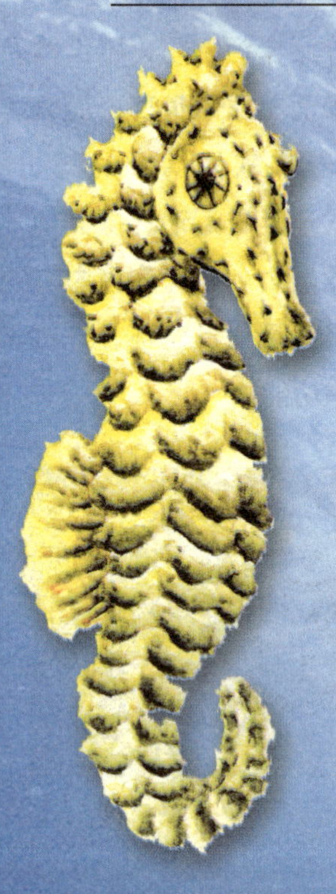

海马有着奇特的外貌形态，因其长着像陆地上的马一样的头，故得名海马。多数鱼在游泳时，总是头朝前尾朝后的，但是海马却将身体垂直在水中，头朝上尾在下，完全依靠背鳍和胸鳍高频率地做波状摆动而缓慢游动，姿势优美、姿态悠然。海马喜欢栖于藻丛或海韭菜繁生的潮下带海区，它们常以卷曲的尾部缠附于海藻的茎枝之上，有时也倒挂于漂浮着的海藻或其他物体上，随波逐流。海马的食量很大，每天摄取食物的数量大约占体重的10%。一般情况下，海马以小型甲壳动物为食物，主要有桡足类、蔓足类的藤壶幼体、虾类的幼体及成体等。

自然档案馆

纲：鱼纲

目：刺鱼目

科：海龙科

海马的身体不能转动，但可以依靠伶俐的眼睛观察四周的动静，它们的眼睛可以分别向上下、左右、前后转动。

海马的嘴呈尖尖的管形，口不能张合，只能靠吸食海中的小动物为食。

智多星训练营

雄性海马可以称得上是海洋生物中的“模范爸爸”。它们天生具有抚育子女的优势——身体上长有一个腹囊，也就是育儿袋。海马到繁殖期的时候，雌性海马把卵产在雄性海马腹部的育儿袋中，雄性海马便开始了“全职爸爸”的生活。它们的育儿袋不断地分泌着营养物质，抚育着小海马。当雄性海马认为小海马已经足够大的时候，便会在合适的环境、适当的时间将小海马排挤到海水之中。直到此时，雄海马“全职爸爸”的生活才算结束。

海马是一种经济价值较高的名贵中药，具有强身健体、舒筋活络、镇痛安神、止咳平喘等功效。

艳丽的红腹锦鸡

红腹锦鸡是最漂亮的雉类之一，又名锦鸡、彩鸡，是我国独有的珍贵品种。雄性锦鸡头顶有金黄色丝状羽冠，后颈呈橙棕色，上体除上背有深绿色外，大部分都是金黄色；雌性锦鸡上体为棕褐色，尾部呈棕色。红腹锦鸡喜欢群居，特别是秋冬季，有时集群多达30余只。它们白天在地上活动，中午多在隐蔽处休息，晚上多栖于靠沟谷和悬岩的松、栎等乔木上。它们生性胆小，因此特别机警，听觉和视觉都极为敏锐，稍有声响，立刻逃遁。红腹锦鸡不挑食，野生植物、农作物、甲虫、蠕虫、双翅目和鳞翅目昆虫等都可以成为它们的食物。

红腹锦鸡是我国特有鸟种，主要分布在中国甘肃和陕西南部的秦岭地区。

智多星训练营

如果你发现一只雄性的红腹锦鸡开始喜欢“打扮”自己，那说明它“恋爱”了，而且正打算向自己倾慕的“姑娘”表白。“表白”时，它会先向雌鸟走过去，一边低鸣，一边绕雌鸟转圈并察言观色，然后在雌鸟的正前方站定，展开自己华丽的羽毛，双眼脉脉含情地望着雌鸟，直到雌鸟被打动，发出唧唧的鸣和声。

雄性红腹锦鸡的冠羽显柔和的丝绸光泽，羽长但平顺地覆盖在后颈，并没有形成风头结构。

在繁殖期，雄性红腹锦鸡为了赢得雌性的爱慕，常会进行一系列复杂的求爱仪式，包括炫耀、扭动身躯来展示羽毛，并跳求爱舞蹈等，整个仪式会持续两个多小时。

恩爱夫妻——鸳鸯

鸳鸯是中国著名的观赏鸟类。鸳鸯在水面上经常成双入对，相亲相爱，悠闲自得，风韵迷人。因此人们将其视为爱情的象征，我国古代文学作品中常对其进行吟咏。

鸳鸯比鸭小，雄鸳鸯的羽毛十分美丽，头有紫黑色羽冠，胸腹部纯白色，背部浅褐色，肩部两侧分别有两条白纹，翼的上部为黄褐色，雌鸳鸯

鸳鸯主要分布在中国东部地区，在中国东北繁殖，在华南地区越冬。

全身为苍褐色。鸳鸯栖息于内陆湖泊及山麓江河中，平时成对生活而不分离。它们时而跃入水中，引颈击水，追逐嬉戏；时而又爬上岸来，抖落身上的水珠，用橘红色的嘴精心地梳理着华丽的羽毛，画面十分宜人。

智多星训练营

人们常常艳羡鸳鸯的爱情，认为它们对爱情坚贞不渝。其实不然，鸳鸯喜欢成对出现，但这不表示双方的配偶永远是同一只鸟，一旦一只死去，另一只则另行“婚配”。此外，雄鸳鸯是有名的“花花公子”，它与雌鸳鸯“结婚”以后，把产卵、孵化、育雏等“家事”都推给了雌鸳鸯，自己则过起了逍遥自在、“招蜂引蝶”的日子。

鸳鸯雌鸟远没有雄鸟美丽，通体颜色为灰色，不具备雄鸟通身鲜艳华丽的羽毛。雌鸟鲜明的特征是喙灰色，眼部有明显的白色贯眼纹。

鸳鸯主要栖息于阔叶林环绕的溪流、沼泽、湖泊等处。白天多在水面中央处漂浮游荡，夜晚在阔叶林中活动，晨昏时分喜欢在水田或岸边的沼泽地活动。

气质优雅的海鹦

海鹦大多分布在挪威的北部地区，它们身长大约为30厘米，体重400~800克，人们也称其为角嘴海雀、海鹦鹉。它们是一种很有特色的鸟类，背部的羽毛呈黑色，腹部的羽毛呈白色，腿部呈现出淡淡的橘色，嘴巴呈三角形，带有一条深沟，面部色彩丰富而艳丽，看起来非常可爱。海鹦靠捕食海洋鱼类为生，生存本领极强，甚

海鹦的喙很大，繁殖期间会变得鲜艳异常，之后喙会变得细小及沉色。

海鹦短小的双翼适合在海中游泳，但在空中飞翔的时候，需要频繁地拍动翅膀，达到每分钟400次。

至能够潜入24米深的海水中捕捉鱼类。海鹦喜欢群居，常成群地栖息在石缝沟中或洞穴里，平时也会成群地在大海的上空展翅飞翔。

海鹦在海岸或岛屿筑巢繁殖，雌雄鸟共同孵卵。父母鸟以细小的海鱼喂养雏鸟，它们捕猎时将大量小鱼存留在喙中，这样就可以花更长时间猎食，带回更多的食物供雏鸟食用。

自然档案馆

纲：鸟纲

目：鸻形目

科：海雀科

智多星训练营

海鹦是极有组织有纪律的鸟，它们总是成群结队，统一行动，向其他鸟类示威，并宣告其领地范围。一旦有其他海鸟入侵领地，海鹦群就会示警。如果入侵者“执迷不悟”，不打算离开，海鹦群就会盘旋而起，包围入侵者。入侵者最后难免落得灰头土脸、狼狈脱逃的下场。

飞翔的信使——鸽子

鸽子虽然没有孔雀那么漂亮的羽毛，也没有鹦鹉那样能说会道的嘴，但是它们仍然非常受人们喜爱。鸽子的祖先是野生原鸽。早在数万年前，野鸽就开始成群结队地飞翔，在海岸岩石和岩洞峭壁上筑巢、栖息、繁衍后代。鸽子具有本能的爱巢欲，归

在很多大城市，许多广场都喂有一群鸽子，形成著名的鸽子广场。这些鸽子与路人常亲密互动，停靠在人们的肩上、手上啄食饲料或是面包。

巢性强，同时又有野外觅食的能力，管理起来很容易，人们便将其作为家禽饲养。鸽子的记忆力和视力都非常好，它们的两眼中间有一块突起，对地球的磁力非常敏感，能够通过感知不同地方的不同磁力来找到自己回家的路，另外，鸽子还能够用气味辨别方向呢！

智多星训练营

史料记载，5 000年以前，古希腊和古埃及的人们就将野生鸽驯养成家鸽，逐渐又驯养成信鸽。有一种鸽子叫作“翻跳鸽”，人们也称它为“筋斗鸽”，它能够进行高翻、腰翻、檐翻、地翻，以及从左到右的平翻表演。

鸽子的翅膀较长，飞行肌肉强大，因而飞行迅速而且有力。

鸽子没有牙齿，食物直接贮存在胃里。为了消化食物，它们经常吞食石子。鸽子的胃部肌肉坚韧发达，石子进入胃腔以后，胃肌收缩，石子与食物相互摩擦，把食物磨碎。因此，石子充当了牙齿的作用。

自然档案馆

纲：鸟纲

目：䴕形目

科：啄木鸟科

森林医生——啄木鸟

啄木鸟主要以一些害虫为食物。它能把藏在树干中的害虫掏出来吃掉，这些害虫有时能把树活活地咬死。啄木鸟的长嘴就像医生的听诊器一样，它用这个又硬又尖的长嘴敲击树干时会发出各种声音。这些声音能准确地反映出害虫躲藏的位置。知道了害虫在哪儿，啄木鸟就用嘴先啄开树皮，然后像凿子一样在树上凿个洞，插进害虫的巢内，准确无误地钩出隐藏得很深的害虫。啄木鸟的四趾是对称分布的，两个向前，两个向后，趾尖上的钩爪非常锐利，使它能牢牢地抓住树干。它的尾巴是支撑身子的支柱，羽轴硬而且有弹性。这样，啄木鸟不仅能抓住树干，还能够沿着树干快速移动。

啄木鸟啄向木头的瞬间，眼睛内的透明瞬膜会及时闭上，将眼球包裹住，以防眼睛受到伤害。

智多星训练营

作为一名合格的森林医生，啄木鸟每天至少“出诊”1.2万次，不停地用它的长嘴啄击树木。为清除隐藏在树木身体内的害虫，它的长嘴甚至要啄到树木深处。如此高强度、耗体力的工作，啄木鸟却乐此不疲。它工作时，长嘴和头部始终保持在一条直线上，全神贯注、态度认真，令人钦佩。

自由的极乐鸟

极乐鸟大多分布在巴布亚新几内亚的热带雨林中，它们被画在巴布亚新几内亚的国旗和国徽上，象征着独立和自由。极乐鸟非常爱美，在求偶季节，它们通常会精心打扮自己，看上去好像是头戴小黄帽，系着黄围巾，身穿枣红大衣。而且它们身体两侧还有两处长长的羽毛，羽毛的根

部是橙黄色的，中间是黄色的，下部白色，非常漂亮。寻找配偶时，它们通常一起站在树枝上跳舞，展开美丽的羽毛，不时用美丽的长羽毛打着拍子，吸引异性的注意。它们感情非常专一，一旦选定配偶，就会幸福地生活在一起。

智多星训练营

极乐鸟还有一个非常美丽的名字，叫作“天堂鸟”。因为它们生活在崇山峻岭中，不易被人们发现。通常，人们看到的都是它们飞翔在美丽的天际，所以称它们是“住在天国的鸟”。然而，由于人们的过度捕杀，这种美丽的鸟已经濒临灭绝了。

极乐鸟虽然体态华美，却与丑陋的乌鸦有着非常近的亲缘关系，二者身体形态也极为相似。

极乐鸟主要生活在热带森林中，包括雨林、沼泽和云雾林。

自然档案馆

纲：鸟纲

目：佛法僧目

科：戴胜科

田园的守卫者—戴胜

戴胜大多分布在欧亚大陆、非洲、马达加斯加岛以及东南亚地区，它们大多身长约30厘米，体重60~80克。在世界各地，人们几乎都能看到它们的影子。人们之所以称它们是“田园卫士”，是因为它们常常出现在辽阔的原野、庄稼地以及各种大小不一的菜园里。它们长而尖利的喙使它们能够很轻易捕捉到土壤中的害虫。戴胜长有一条呈带状的长尾巴，样子很好看。它们通常喜欢互相炫耀，而且还会互相表演夸张的鞠躬动作，十分活泼可爱。

戴胜头顶的冠羽很醒目，平时摺叠倒伏不显，直竖时像是一把扇子，随着鸣叫声一起一伏。

智多星训练营

哪只鸟跟戴胜做邻居，那算是走运了。戴胜有一个非常高尚的品质，就是“乐于助人”。

如果你打算出去觅食，却放心不下自己的“孩子”，为此而踌躇不前、犹豫不定、愁得羽毛都掉了好几根时，你的邻居戴胜就会挺身而出，它们会主动帮忙照看幼鸟。戴胜不辞辛劳，却不取分毫，堪称模范邻居。

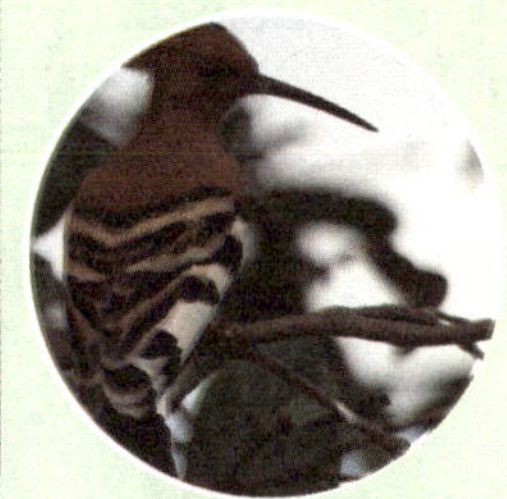

戴胜的喙细长而尖，适于插进土里翻掘昆虫、蚯蚓、螺类等小型动物。

戴胜哺育雏鸟期间，鸟窝内的秽物从不清理，加上成鸟尾部的尾脂腺会分泌一种具有恶臭的褐色油液，因此弄得巢中污秽不堪、恶臭熏天。

戴胜性情活泼，不太怕人，平常喜欢在地面活动。

戴胜常见于温暖干燥的地区，主要分布在南欧、非洲以及印度、马来西亚等国家和地区，在我国云南地区也有分布。

大嘴明星——巨嘴鸟

巨嘴鸟是鸟类王国中嘴巴最漂亮的，它们的嘴巴又长又大，大约占整个身体的三分之一。嘴巴的上半部分是黄色的，还有一点点的淡绿色，下

半部分则为鲜艳的蔚蓝色，嘴巴前端有一个红色的尖，像是涂了口红，非常漂亮。巨嘴鸟的脊背全是黑色的，这样就能更加衬托出它们色泽艳丽的大嘴巴了，而且它们的眼圈是蓝色的，如此完美的搭配，使它们看起来更加漂亮了。

巨嘴鸟的喙虽然巨大，却是空心的，所以重量很轻。巨嘴鸟的长喙还很灵活，可以帮助其捕捉猎物及采集果实。

巨嘴鸟一般会在高树上挖穴为巢，有时也会将巢筑在地穴或是白蚁穴中。

智多星训练营

大嘴明星巨嘴鸟一直梦想着成为“角斗士”或是“灌篮高手”。于是一些巨嘴鸟聚在一起开始“角力”，它们用喙作为武器，使尽全力逼退对方。失败者被淘汰，获胜者要接受下一位的挑战，以此类推，直到疲惫为止。另一些巨嘴鸟则开始练习传球：首先某只巨嘴鸟抛出一枚果实，另一只鸟在空中接住，然后再传给第三只鸟，后者可能会继续抛向下一只鸟，如此往复、坚持不辍。

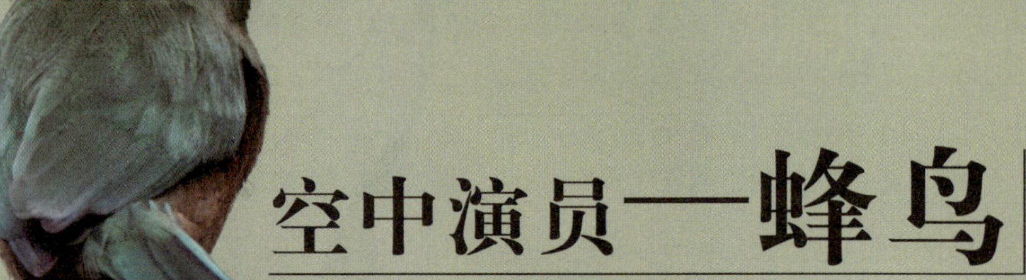

空中演员——蜂鸟

蜂鸟是世界上已知最小的鸟，它们可以通过快速拍打翅膀而悬停在空中，是唯一可以向后飞的鸟。蜂鸟的身体很小，拍打翅膀时会发出嗡嗡声，像黄蜂在空中飞行，因而得名蜂鸟。

蜂鸟十分爱清洁，它们从来不让地上的尘土玷污自己的“衣裳”，并且终日飞翔在空中。它们不断地穿梭于花朵之间，以花蜜为食，每秒钟要舔食花蜜13次，捕食频率十分高。蜂鸟的食量很大，一般来说，一只蜂鸟每天吃进的蜂蜜相当于它们体重的两倍，这主要是为了保证能有足够的能量摄入。

智多星训练营

蜂鸟的记忆能力相当惊人。自然界中的蜂鸟都拥有自己的势力范围，它们不仅能清楚地记住自己曾采过哪些鲜花的蜜，甚至还能判断出在这些花上采蜜所用的时间，进而根据不同植物重新分泌花蜜的规律来寻找新的食物。

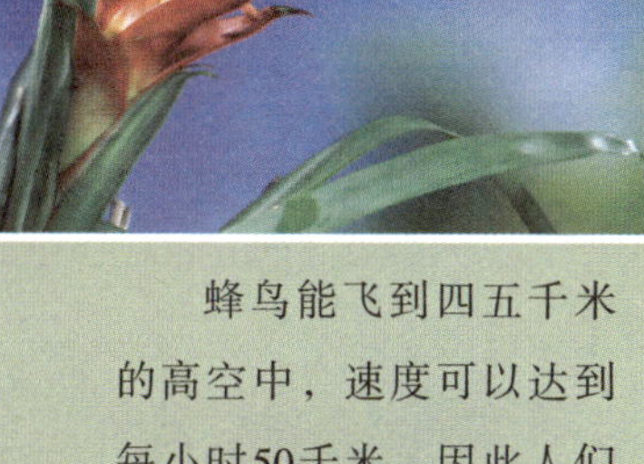

蜂鸟能飞到四五千米的高空中，速度可以达到每小时50千米，因此人们很难看到它们。

蜂鸟的喙细长，舌头像是一根细线，适于从花朵中吸食花蜜。

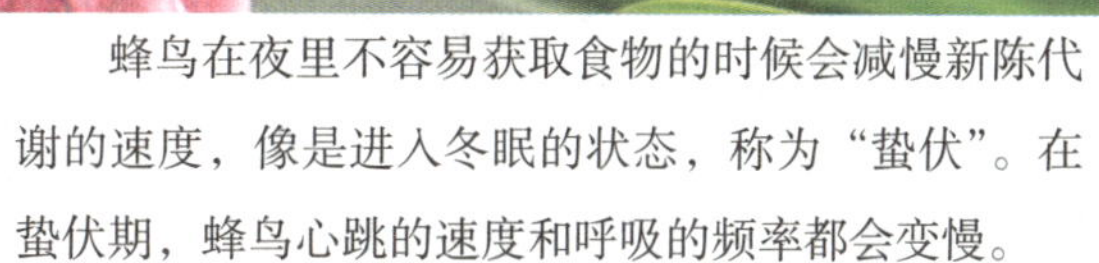

蜂鸟在夜里不容易获取食物的时候会减慢新陈代谢的速度，像是进入冬眠的状态，称为“蛰伏”。在蛰伏期，蜂鸟心跳的速度和呼吸的频率都会变慢。

披着金甲的小精灵——金龟子

有些种类的金龟子有拟死现象，受到惊吓即落地装死，危险过后，再伺机逃脱。

金龟子幼虫生活在土中，啃食地下的植物根部和块茎或幼苗的地下部分，为主要地下害虫之一。

金龟子成虫会把叶片咬食成网状，严重时仅剩主叶脉，群集危害更大。

金龟子大多分布在热带地区，成虫主要以树叶和果实为食物，身长为16~21毫米。金龟子的种类非常多，几乎每种金龟子都有非常坚硬的外壳——鞘翅，鞘翅的色彩变化很多，光彩夺目，在灿烂的阳光下它们总是闪烁着各种各样的色泽。此外，金龟子的导航系统非常发达，它们能够根据天空偏振光来导航。只要它们能够看到天空和太阳，就能够顺利地回家，从来不会迷失方向。很多金龟子都是害虫，一些金龟子是夜行性动物，它们具有强烈的趋光性，所以可以用黑光灯来对其进行诱杀，也可以将其振落之后进行捕杀。

智多星训练营

南美洲有一种奇怪的金龟子，它们对哺乳动物的粪便非常感兴趣。雄性金龟子通过滚粪球来吸引雌性金龟子的注意，谁的粪球滚得越大，谁获得雌性金龟子芳心的概率就越大。

迷糊的毛毛虫

毛毛虫的色彩非常美丽，成虫体肢和翅布满鳞片和毛，有两对鳞翅，且前翅大于后翅。毛毛虫的触角呈丝状、双栉状、栉状、棍棒状等。它们的复眼发达，单眼2个或无单眼。幼虫蠕虫状，具3对胸足，腹足和尾足大多为5对。幼虫体上生有刚毛，对刚毛的排列和命名称毛序，在分类上有重要意义。

智多星训练营

对于行动迟缓、没有翅膀的毛毛虫来说，生存就是一场战争。然而幸运的是，这些聪明的爬行动物精通伪装和防卫。不同种类的毛毛虫都带有一对眼睛状的标记，且颜色和形状多种多样，有圆的，也有狭长的瞳孔形。这些各式各样的图案表明毛毛虫并没有刻意针对某种掠食者进行拟态伪装，以逃脱被捕食。

毛毛虫受到惊扰时，会翘起尾部，用假眼“瞪视”对方，企图将掠食者吓跑。

第二章

植物王国中的魅力明星

菩提树的叶子呈浓绿色，表面平滑有光泽，呈心形。叶子上有非常明显的细长尾尖，这是热带植物排水的显著特征。

印度圣树——菩提树

菩提树拥有十分广泛的实际用途。它的树干粗壮雄伟，树冠亭亭如盖，既可做行道树，又可做观赏树。叶片呈心形，前端细长似尾，盛有“滴水叶尖”之美誉，十分美丽。倘若将叶片长期浸于寒泉，洗去叶肉，便能够得到清晰透明、薄如轻纱的网状叶脉，被称为“菩提纱”，制成书签，可防虫蛀。树枝富含白色乳汁，取出后可制硬性树胶；用树皮汁液漱口可治牙痛。花入药有发汗解热、镇痛之效；枝干上会长出气生根，形成“独树成林”的奇特景观，气生根还可以作为大象的饲料。

圣洁的莲花

莲花生活在水中，主要分布在印度、中国、日本等亚热带和温带地区。根茎横生、肥厚，里面有很多纵行的通气孔洞，外面有须状的不定根。节上生叶，露出水面。叶片圆形，直径25~90厘米，全缘或稍呈波状。花单生于花梗的顶端，呈红色、粉红色或者白色，花瓣椭圆形或倒卵形，花蕊条形，花丝细长，有淡淡的香气。

莲花的花瓣可为点缀装饰之用，雄蕊晒干后可制成草本茶。

智多星训练营

莲子作为莲花的种子，会有沉睡千年又开花的情况，这与莲子的结构有关。莲子的外种皮坚硬致密，像一个“真空包”，会将种子密封起来，不仅阻止了外界空气和水分的渗入，同时也阻止了种子内部空气和水分的散失。这样，莲子的生命活动就极其微弱，几乎相当于休眠状态。这就是古莲子具有生命力的重要原因之一。

播撒幸福的使者——樱花

樱花原产于北半球温带环喜马拉雅山地区，包括日本、印度北部、中国长江流域、中国台湾和朝鲜。樱花在世界各地都有栽培，以日本樱花最为著名，共有200多个品种。樱花的生命很短暂，一朵樱花从开放到凋谢大约为7天，整棵樱花树从开花到全谢大约要16天，形成了樱花边开边落的特点。也正是这一特点才使樱花有这么大的魅力。它被日本尊为国花，不仅是因为它的妩媚娇艳，更重要的是它经历短暂的灿烂后随即凋谢的“壮烈”，死在最美的一刻。所以，有着“幸福一生一世永不放弃”的花语。

智多星训练营

樱花，喜欢温暖湿润的气候环境，树皮紫褐色，平滑有光泽，有横纹。花叶互生，椭圆形或倒卵状，边缘有芒齿，先端尖而有腺体，表面深绿色，有光泽，背面稍淡。托叶披针状线形，边缘细裂呈锯齿状，裂端有腺。花每枝三五朵，成伞状花序，萼片水平展开，花瓣先端有缺刻。花于3月与叶同放或叶后开花。花核球形，初呈红色，后变紫褐色，7月成熟，花期16天左右。

精神的力量——黎巴嫩雪松

黎巴嫩是地中海东岸的一个山国，这里多山并终年积雪。黎巴嫩雪松就集中分布在海拔1 000~2 000米的山区，那里多雾，空气新鲜，土质良好，雨量适中，这些得天独厚的自然条件很适合雪松的生长，所以古埃及人把黎巴嫩山区称为“雪松高原”。黎巴嫩雪松的树干粗壮挺直，树冠呈三角形塔状，四季常青。黎巴嫩雪松有淡淡的木质香，类似檀香的味道，因此黎巴嫩雪松还是制成化妆品和香水的重要基剂。

黎巴嫩雪松的叶色从暗绿到蓝绿，表面有一层蜡质层，可以防止水分蒸发。

花中西施——杜鹃花

杜鹃花属种类繁多，约有960种。主要分布于北温带，其中亚洲最多，约有850种，而我国有530余种，占全世界59%，特别集中于云南、西藏和四川三省区的横断山脉一带，是世界杜鹃花的发祥地和分布中心。从高达20米以上大乔木到仅10~20厘米小灌木,杜鹃花形态各异。其根肥厚、肉质，呈块状茎，簇生，平卧；主干直立或呈匍匐状，枝条互生或轮生；叶多数披针形，呈螺旋状排列。伞形花序，花小而多，花为喇叭形，橙黄色，内轮具红褐色条纹斑点。不仅好看，在花中也十分特别。

杜鹃花叶片上布满了绒毛，既可以调节水分，又能吸住灰尘，适合作为绿化树，可以发挥其清洁空气的效用。

智多星训练营

高山杜鹃花根系发达，是很好的水土保持植物。由于杜鹃花花繁叶茂，绮丽多姿，萌发力强，耐修剪，根桩奇特，是优良的盆景材料。除做观赏外，杜鹃花性甘微苦，在医学上有一定的药用价值。有的杜鹃花芳香四溢，可以用来提取芳香油，有的杜鹃花可食用，有些种类的树皮、树叶含丰富的蘸质，还可以提制栲胶。杜鹃花的木材、根兜，质地细腻、坚韧，能制成碗、筷、盆、钵、烟斗等日用品和工艺品。

茉莉花茶是将茶叶和茉莉花进行拼合、窨制，使茶叶充分吸收茉莉花的花香，茶香和茉莉花香交相融合。

爱情之花——茉莉

有着浓郁芳香的茉莉花属常绿小灌木或藤本状灌木，高可达1米。枝条细长，小枝有棱角，略呈藤本状。单叶对生，光亮。初夏由叶腋抽出新梢，顶生聚伞花序，顶生或腋生，有花3~9朵，通常3到4朵，花冠多为白色，极芳香。茉莉花是个极其庞大的家族体系，60多位成员中，大多数花期从11月到第二年3月。茉莉花的应用在生活中极为广泛，茉莉花清香四溢，能够提取茉莉油，是制造香精的原料。茉莉油的身价很高，相当于黄金的价格。茉莉的花、叶、根均可入药。茉莉花还可薰制茶叶或蒸取汁液。

父亲节之花——石斛兰

石斛兰的始祖是原产于中国的金钗石斛，最先由英国引入欧洲栽培，并进行改良和育种。石斛兰花姿很美，植株由肉茎构成，粗如中指，棒状丛生，叶如竹叶，对生于茎节两旁。花葶

在石斛兰培育的品种中，以用原法国总统“蓬皮杜”命名的新品种最为名贵。它的特色是花瓣大，瓣色紫亮，如同丝绒般的质地，常常让人误认为是假花。

从叶腋抽出，每葶有花七八朵，多的达20多朵，呈总状花序，每朵6瓣，四面散开，中间的唇瓣略圆。由于石斛兰具有秉性刚强、祥和可亲的气质，有许多国家把它作为“父亲节之花”。石斛兰的花语是：慈爱、勇敢、欢迎、祝福、纯洁、吉祥、幸福。黄色的石斛兰是在父亲节或父亲的生日时赠送父亲的花，寓意父亲的刚毅、亲切和威严，表达对父亲的敬意。

石斛兰在世界各国均有培育和种植，其中又以泰国的花色、品种最为繁多，因此，石斛兰有时又被称为“泰国兰”。

智多星训练营

按颜色的不同，石斛兰可分为红花系、白花系、黄花系三大品系，每个品系又有不同的品种，也有少数品种为黄色、橙色。由于石斛兰为附生植物，生境独特，对小气候环境要求十分严格。现有条件下，野生石斛兰是国家重点二级保护的珍稀濒危植物。

自然档案馆

纲：单子叶植物纲

目：天门冬目或兰目

科：兰科

千秋万代的万代兰

万代兰原产于马来西亚和美国的佛罗里达州与夏威夷群岛，迄今已发现有70个原生种，人工选育的杂交种则有1000多个。万代兰在花季相当壮观，它的植株直立向上，花瓣有圆形、长形和三角形等。唇瓣则与花柱相连接，侧片与中片各舒张，花形硕壮，花姿奔放，花色华丽，除了具备多种单色外，还有布满斑点或网纹的双色，一簇簇看上去煞是好看。

万代兰花瓣上清晰的网纹与花瓣本身的颜色相互协调，形成了极具特色的花瓣样式。

智多星训练营

万代兰容貌清丽而端庄、超群又谦和，象征着新加坡人民的气质。它姣美的唇片象征着新加坡四大民族和四种语言的平等。新加坡人喜爱兰花，更偏爱万代兰，主要是因为万代兰在最恶劣的条件下，也能争芳吐艳，象征着民族刻苦耐劳和勇敢奋斗的精神。

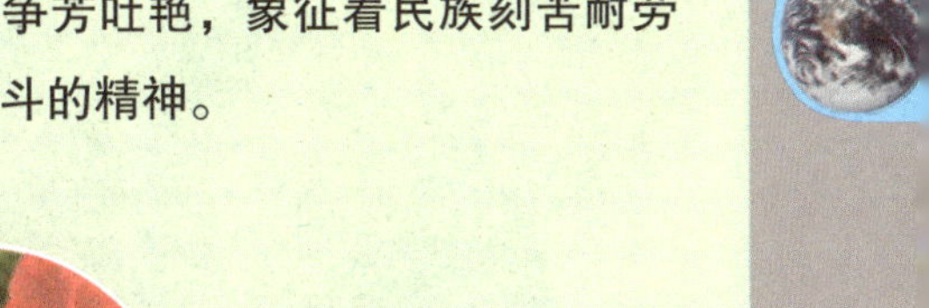

万代兰不仅以其花瓣的形状闻名，令人惊叹的还有它花瓣的绚丽色彩。

万代兰的每个叶腋都能抽出一个花梗，平均每株可开15～20朵花，层层叠叠，异常美丽。

万代兰在园艺和花艺两大领域都有着突出表现。

万代兰的叶片是棒状的，肉厚而多汁，生长在直立的茎两旁，很有特点。

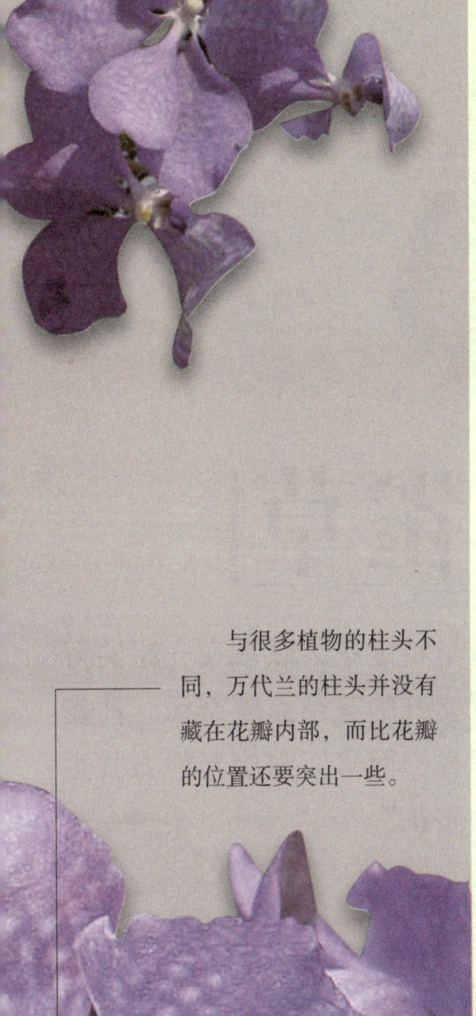

与很多植物的柱头不同，万代兰的柱头并没有藏在花瓣内部，而比花瓣的位置还要突出一些。

孔雀草一朵花会有很多种颜色，其花朵的外轮多数为暗红色。

孔雀草的花内部与外部颜色不同，内部多呈金黄色。

神圣的孔雀草

自古以来，基督教里就有将圣人与特定花朵联系在一起的习惯，这源于教会在纪念圣人时，常以盛开的花朵点缀祭坛。孔雀草的花朵有日出开花、日落紧闭的习性，而且以向旋光性方式生长，因此孔雀草还有一个俗称叫“太阳花”。

智多星训练营

孔雀草原产于墨西哥，喜欢阳光，但在半荫处栽植也能开花。它对土壤要求不高，是一种适应性十分强的花。株高30~40厘米，羽状复叶，小叶披针形。花梗自叶腋抽出，头状花序顶生，单瓣或重瓣。花色有红褐、黄褐、紫红色斑点等。孔雀草除了具备观赏价值外，还具有药用和保健作用。花叶可以入药，有清热化痰、补血通经的功效。

自然档案馆

纲：双子叶植物纲

目：菊目

科：菊科

孔雀草开花时，矮墩墩的分枝梢头上，布满了黄澄澄的花朵，十分可爱。

孔雀草的生命力十分顽强，多数被用来装饰花坛和绿化造型。

快乐的使者——金合欢

金合欢的花语是“稍纵即逝的快乐”。淡黄色如绒球一样可爱的金合欢花是三八国际妇女节时最受俄罗斯女性喜爱的礼物。金黄灿烂的花朵在尼斯的狂欢节上也到处可见。所以尼斯狂欢节又被称为“金合欢花狂欢节”。在节日持续进行的三天中，天地间仿佛被金合欢花的金黄颜色铺满，而这三天后，整个氛围就如同它的花语——“稍纵即逝的快乐”一样倏然不见。

金合欢远看去像黄色的云彩，走近能看见细小的叶子和金黄色的小花球，毛茸茸的十分可爱。

金合欢的花朵与其他花不同，它没有一片片的花瓣，而且因为其雄蕊很多，所以整个花朵成圆球状。

金合欢还是一种经济树种，花极香，能够提取香精，可提炼芳香油做高级香水或化妆品的原料。

智多星训练营

金合欢喜欢温暖和阳光照射的环境，高2~4米，羽片4~8对，每片羽片具小叶10~20对，小叶片呈线状长椭圆形。头状花序腋生，常多个簇生。荚果圆柱形，种子多数为黑色，多是二回羽状复叶。花小，通常芳香，聚生成球形或圆筒形的簇；花多为黄色，偶为白色；雄蕊占多数，使花朵外形呈绒毛状。荚果扁平或圆柱形，种子间常缢缩。头状花序簇生于叶腋，盛开时，好像金色的绒球一般。

睡莲的叶子浮在水面上，表面有明显的革质光泽。

水上舞者——睡莲

睡莲多年生活在水中，根状茎，粗短。叶丛生，叶柄细长，浮于水面，近圆形或卵状椭圆形，直径6~11厘米，全缘，上面浓绿，幼叶有褐色斑纹，下面暗紫色。花单生于细长的花柄顶端，多白色，漂浮于水面上，萼片4枚，宽披针形或窄卵形。聚合果球形，内含椭圆形黑色小坚果。因其花色艳丽，花姿楚楚动人，在一池碧水中宛如冰肌脱俗的少女，而被人们赞誉为“水中女神”。

睡莲的花瓣通常是白色，雄蕊占多数，雌蕊的柱头有辐射状的裂片。

睡莲喜欢光线强、通风良好的地方。睡莲一点也不懒惰，虽然到了傍晚会把花朵闭合，但是一过了子夜，又开放得很早。炎炎夏日，清风徐来，碧波荡漾，一丛丛美丽的睡莲轻舞花叶，姿态妩媚，好似凌波仙子，令人赏心悦目，心旷神怡，是花、叶俱美的观赏植物。

自然档案馆

纲：双子叶植物纲

目：睡莲目

科：睡莲科

优雅的马蹄莲

马蹄莲原产于非洲南部，喜温暖气候，不耐寒，不耐高温，不耐干旱，喜疏松肥沃、腐殖质丰富的黏壤土。马蹄莲有着肥大肉质块茎，叶基生，有长柄，叶柄一般为叶长的两倍，叶卵状箭形，全缘，鲜绿色。花梗着生叶旁，高出叶丛，肉穗花序包藏于佛焰苞内，佛焰苞形大、张开呈马蹄形；肉穗花序圆柱形，鲜黄色。常见的马蹄莲有白梗、红梗、青梗三种。马蹄莲盛开后，花形特别，高挑的身姿、淡雅的容貌甚是惹人喜爱。

智多星训练营

马蹄莲的花语是博爱、圣洁、虔诚、永恒、优雅。通常来说，白色马蹄莲清雅美丽，它的花语是“忠贞不渝,永结同心”；红色马蹄莲象征圣洁虔诚，吉祥如意；粉红色马蹄莲象征爱你一生一世。正因如此，马蹄莲常常作为新娘手捧花中的主角，用以表达一种美好的愿望。

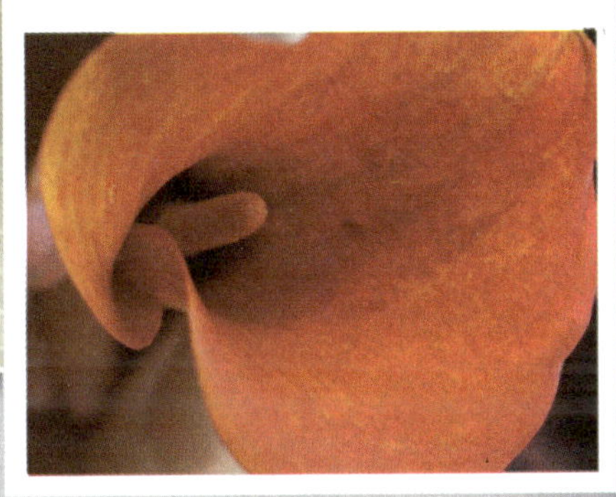

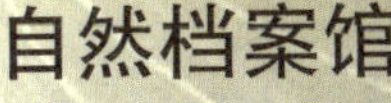

自然档案馆

纲：单子叶植物纲

目：天南星目

科：天南星科

马蹄莲叶片翠绿，花苞片洁白硕大，宛如马蹄，形状十分奇特。

马蹄莲花朵高洁美丽，单花期特别长，是装饰客厅、书房的良好盆栽花卉。

热情似火的火焰树

原产于非洲的火焰树，花朵杯形硕大，冠幅较大，常做荫庇树或行道树，花期在冬春之间，相较于冬春交替的寒冷，火焰树枝叶之间，群花盛开，艳红无比。远远望去，犹如一团团熊熊燃烧的火焰，在视觉上便能为人们驱散寒冷。

火焰树的花开放在树冠顶层，如熊熊燃烧的火焰一般，花艳如火，极为醒目。

智多星训练营

火焰树高10米，树皮平滑，灰褐色。奇数羽状复叶，对生，连叶柄长达45厘米；叶片椭圆开至倒卵形，顶端渐尖，基部圆形；伞房状总状花序，顶生，密集；被褐色微有柔毛，具有明显的皮孔；花萼佛焰苞状，外面被短绒毛，顶端外弯并开裂，花冠一侧膨大，基部紧缩成细筒状，檐部近钟状，橘红色，具紫红色斑点，内面有突起条纹，外面橘红色，内面橘黄色。柱头卵圆状披针形，花盘环状，蒴果黑褐色，花期4~5月。

沙漠甘泉——旅人蕉

非洲沙漠炎热干燥，旅人蕉不仅可为人们遮挡烈日强光，而且还是天然的饮水站。旅人蕉的每个叶柄底部都有一个酷似大汤匙的“贮水器”，可以贮藏好几斤水。旅行者口渴时，只要在它的叶柄上划个小口，就好像拧开了水龙头一样，新鲜而清凉的水顿时便可流出，而且这个“水龙头”不用你去关闭，它会自动“拧上”，一天之后，被划破的小口就可愈合。因此，人们又称旅人蕉为“沙漠甘泉”“救命之树”。

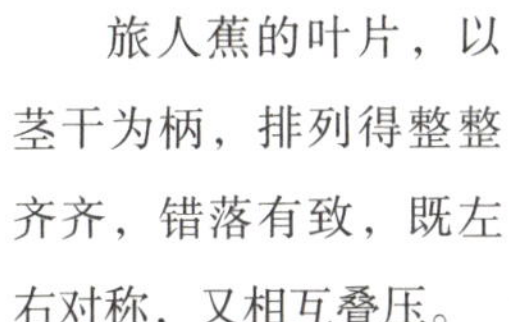

旅人蕉的叶片，以茎干为柄，排列得整整齐齐，错落有致，既左右对称，又相互叠压。

智多星训练营

原产自非洲马达加斯加岛的旅人蕉“身材魁梧”，高达20米左右，粗约50厘米，叶子一般可达3~4米，并且全部集中在粗壮茎干的顶端，竖向排列成两列，呈窄扇状，叶片长椭圆形。蝎尾状聚伞花序腋生，总苞船形，白色，铺成一个平面，好像拔地而起的一把巨型折扇，高大挺拔，娉婷而立，貌似树木，实为草本植物。

幸福之树——丁香

产于斯里兰卡、爪哇、马达加斯加的丁香，高达10米。叶对生，叶柄明显，叶片呈长方卵形或长方倒卵形，先端渐尖或急尖，基部狭窄常下展成柄，全缘。花芳香，呈顶生聚伞圆锥花序，花冠白色，稍带淡紫，短管状。花色紫、淡紫或蓝紫，也有白色紫红及蓝紫色，以白色和紫色为居多。丁香不仅具有观赏性，同时具有抗菌、驱虫、健胃等很丰富的药理作用。除此之外，丁香还被人们赋予了幸福的寓意。

智多星训练营

丁香喜欢充足的阳光，也耐半荫。适应性较强，耐寒、耐旱、耐瘠薄，病虫害较少，成活率高。因具有独特的芳香、硕大而繁茂的花序、优雅而调和的花色、丰满而秀丽的姿态，在观赏花木中早已享有盛名，已成为国内外园林中不可缺少的花木。在园林装饰中有着重要的地位。

丁香闭合的花苞有明显的“十”字形沟痕，这也决定了丁香的花瓣多为四瓣。

丁香花的种类繁多，花的颜色也各不相同，除常见的淡紫色花朵外，还有白花丁香和红花丁香等。

丁香喜欢生活在日照充足的地方，在光照条件下，花朵开放尤为旺盛。

丁香属落叶灌木或小乔木。其花序硕大、开花繁茂，习性强健，栽培简易，因此受到了人们的广泛欢迎。

丁香花能够吸收空气中的二氧化硫等有害气体，有净化空气、调节环境的作用，常被用作城市绿化树木。

自然档案馆

纲：双子叶植物纲

目：桃金娘目

科：桃金娘科

猴子的晚餐——猴面包树

作为这个地球上古老而独特树种之一的猴面包树，目前只分布在非洲大陆、北美部分地区和马达加斯加岛。尽管猴面包树并不是马达加斯加所独有，但是全世界目前只有马达加斯加还保存有成片的猴面包树林，而且全世界8种猴面包树全部都能在马达加斯加见到。猴面包树树冠巨大，树杈千奇百怪，酷似树根。虽然它个头不高，只有10多米，但是树干却很粗，最粗的直径可达12米，要40个人手拉手才能围它一圈。因其是猴子、猩猩的理想食物而得名“猴面包树”。

智多星训练营

猴面包树的树形壮观，果实巨大如足球，甘甜汁多，是猴子、猩猩、大象等动物最喜欢的美味。当它果实成熟时，猴子就成群结队而来，爬上树去摘果子吃，所以它有“猴面包树”的称呼。

猴面包树的树梢通常盘结在弯弯曲曲的枝丫上，枝丫间还点缀着稀稀落落的绿叶。

别看猴面包树个子不高，但是树干极粗，看上去像是一个个大肚子的啤酒桶。

猴面包树夕阳西下的剪影，看上去像极了一株巨大的银瓶插花。

彩虹女神——鸢尾

名字极具中国文化特点的鸢尾，原产于中国中部及日本，高30~50厘米，根状茎匍匐多节，粗而节间距短，浅黄色。叶为渐尖状剑形，质薄，淡绿色，呈二纵列交互排列，基部互相包叠。春至初夏开花，总状花序1~2枝，每枝有花2~3朵，花出叶丛，花形蝶状，有蓝、紫、黄、白、淡红等色，花形大而美丽。蒴果长椭圆形，果期6~8月。

鸢尾花外花被片基部有浅黄色斑纹，且有明显的褶皱。

鸢尾花内的3片花瓣相对较小，呈倒圆形。

鸢尾花的花瓣中央里面有一行鸡冠状的白色带紫纹的突起，看起来如“花中花”一样特别。

鸢尾花的花瓣，分内外两部分，其中外3片较大，并圆形下垂，花被有深紫斑点。

智多星训练营

鸢尾花因花瓣柔美形如鸢鸟尾巴而得名，“鸢尾”之名来源于希腊语，有“彩虹”之意，喻指花色丰富，也表明天上彩虹的颜色尽可在这个属的花朵颜色中看到，堪称“彩虹女神”。

绚丽的焰火——嘉兰

作为津巴布韦的国花，嘉兰具有横走的根状茎，常由顶芽出苗。地上茎细柔，蔓生，翠绿色，先端渐细成尾状，顶端卷须状，借卷缠他物而使茎向上生长。花大色艳，7~11月间陆续开放，花瓣条状披针形，向上反曲，并会随着绽放的时间变换颜色，边缘皱波状呈绿色翻卷成龙爪形，次日花瓣中部变成黄色，瓣尖为鲜红色，瓣周镶嵌金边，3天后，花茎部、中部分别由绿色、黄色变成金黄、橙红直到鲜红。整株花期可以延续55天。花开过程犹如从星星之火到熊熊烈焰一般，很是特别。

嘉兰花上部红色，下部黄色，呈条状，边缘呈不规则的皱波状。

自然档案馆

科：百合科

属：嘉兰属

智多星训练营

嘉兰不仅花色变幻多样，而且花形奇特，犹如燃烧的火焰，艳丽而高雅。其花瓣向后反卷是重要的特征，花名来源于拉丁语的“惊叹”“美丽”之意。

嘉兰花的花药背着生长，呈丁字状，外向自然开裂。

毛茸茸的雪绒花

雪绒花叶直立，条形或条状披针形，上面灰绿色，被柔毛，下面被白色或灰白色密绵毛或有时被绢毛。苞叶少数，长圆形或条形，两面或下面被白色或灰白色厚茸毛，全缘苞片数个，围绕花序展开，形成星状苞叶群。原产雪绒花约有40个种类，分布在亚洲和欧洲的阿尔卑斯山脉一带。这种花通常生长在海拔1 700米以上的地方，由于它只生长在非常少有的岩石地表上，因而极为稀少，是著名的高山花卉之一，被誉为阿尔卑斯山的名花。

雪绒花总苞半球形，被白色绵毛；苞片约4层，苞片上露有茸毛。

智多星训练营

在奥地利，雪绒花象征着勇敢，因为野生的雪绒花生长在环境艰苦的高山上，常人难以得见其美丽容颜，所以见过雪绒花的人都被视为英雄。从前，奥地利许多年轻人冒着生命危险，攀上陡峭的山崖，只为摘下一朵雪绒花献给自己的心上人，因为只有雪绒花才能代表为爱牺牲一切的决心。

雪绒花的花茎直立，很细，被灰白色长柔毛或白色近绢状毛。

自然档案馆

科：菊科

属：火绒草属

呼唤和平的虞美人

虞美人花未开时,蛋圆形的花蕾上包着两片绿色白边的萼片,生于细长直立的花梗上，极像低头沉思的少女。等到虞美人花蕾绽放,萼片脱落时,虞美人便脱颖而出了，原来弯曲柔弱的花枝，竟挺直了身子撑起了花朵。实在令人难以想象,原来如此柔弱朴素的虞美人竟能开出如此浓艳华丽的花朵。虞美人姿态葱秀，袅袅娉娉,因风飞舞，俨然彩蝶展翅，兼具素雅与浓艳华丽之美，二者和谐地统一于一身，堪称花中妙品，引人遐思。

在虞美人红色花瓣上，基部常常会出现一黑色斑点。

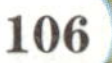

智多星训练营

虞美人株高40~70厘米，分枝细弱，有乳汁。叶片呈羽状深裂或全裂，裂片披针形，边缘有不规则的锯齿。花单生，有长梗，未开放时下垂，花萼2片，椭圆形，外被粗毛。花冠4瓣，近圆形，具暗斑。花径5~6厘米，花色丰富。花期4~7月，果熟期6~8月。

虞美人的蒴果呈杯形，成熟时顶孔开裂，内有很多种子。

自然档案馆

纲：双子叶植物纲

目：罂粟目

科：罂粟科

虞美人有不同的品种，复色、间色各异，重瓣和复瓣不同。

夏季温度较高时，虞美人的长势会明显减弱，地上的部分会出现枯黄死亡的现象。

有凤来仪——梧桐树

梧桐高大挺拔，是树木中的佼佼者。在我国，古人常把梧桐和凤凰联系在一起。传说凤凰是鸟中之王，而凤凰最乐于栖在梧桐之上，所以人们常说“栽下梧桐树，自有凤凰来”。因此，在古代的殷实人家，常在院子里栽种梧桐，不仅因为梧桐有气势，也因为梧桐是祥瑞的象征。

智多星训练营

梧桐树是落叶乔木，高达12米；树皮表面平滑呈青绿色。叶子呈现心形，掌状3~5裂，直径15~30厘米，裂片三角形，顶端渐尖，基部心形，基生脉7条，叶柄与叶片等长。圆锥花序顶生，长20~50厘米，下部分枝长达12厘米，花淡紫色；萼片条形，向外卷曲，长7~9毫米，外面披淡黄色短柔毛，内面仅在基部披柔毛。

自然档案馆

纲：双子叶植物纲

目：锦葵目

科：梧桐科

梧桐树具有“梧桐一叶落，天下皆知秋”这样既富科学性，又有诗意的特点。

梧桐树的叶片大且优美，构成了一个独特的景观。

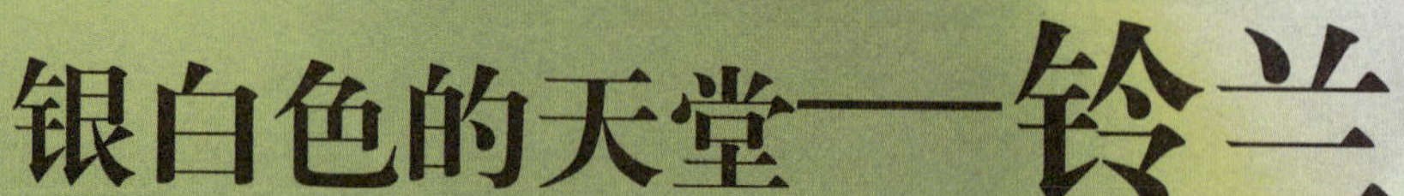

银白色的天堂——铃兰

原分布于亚洲、欧洲及北美洲，特别是较高纬度地区的铃兰有很多分枝，根状茎匍匐在地上。春天从根茎先端的顶芽长出2~3枚窄卵形或广披针形具弧状脉的叶片，基部有数枚鞘状膜质鳞片叶互抱，花茎从鞘状叶内抽出。入秋结圆球形深宝石红色浆果，有毒，内有种子4~6粒。着小花6~10朵，一串串犹如银白色的铃铛，香气浓郁，可以提取高级芳香精油。铃兰不仅是一种优良的盆栽观赏植物，也是一种名贵的香料植物。

铃兰叶片的大小与其花朵的大小十分不成比例，其花朵小巧，而叶片却相对宽大。虽不成比例，却刚好衬托出了铃兰的娇媚。

铃兰植株全部无毛，常成片生长。

智多星训练营

铃兰株形小巧，花香怡人，花为小型钟状的铃兰在法国是纯洁、幸福的象征。大概是因为这种形状像小钟似的小花，令人联想到唤起幸福的小铃铛吧。另外，也因为铃兰的生长地域不大，又被称为“山谷百合”，给人纯洁清新的感觉。在交往中，铃兰历来表示“幸福、纯洁”的骄傲，“幸福赐予纯情的少女”等美好的祝愿。

铃兰是一种优良的地被和盆栽植物，花期一般在初夏4~5月。

自然档案馆

纲：单子叶植物纲

目：天门冬目

科：百合科

与命运抗争的矢车菊

故乡在欧洲象征幸福的矢车菊，高30～70厘米或更高，直立，自中部分枝，极少不分枝。全部茎枝灰白色。无叶柄，叶边缘全缘无锯齿，上部茎叶与中部茎叶同形，但渐小。全部茎叶两面异色或近异色，上面绿色或灰绿色。总苞椭圆状，有稀疏蛛丝毛。总苞片约7层，全部总苞片由外向内为椭圆形、长椭圆形，花果期2～8月。它原是一种生命力十分顽强的野生花卉，经过人们多年的培育，它的野性少了，花变大了，颜色变多了，有紫色、蓝色、浅红色、白色等品种，其中紫色、蓝色最为名贵。

矢车菊边缘舌状花为漏斗状，花瓣边缘带齿状，中央部分花呈管状。

矢车菊根系十分发达，对生长环境要求不高，所以在贫瘠的土地上也能正常生长。

智多星训练营

夏季是矢车菊开花的季节，淡紫色、淡红色及白色的素雅花朵，散发出阵阵清幽香气，宛若一个个娟秀的少女，向着“生命之光”——太阳祈祷。矢车菊象征着日耳曼民族爱国、乐观、顽强、俭朴的品格，是德国人民虚心、谨慎和谦和之风的真实写照，因而博得了德国人民的赞美，被誉为德国的国花。

英雄的桂冠——月桂树

月桂树为亚热带树种，原产于地中海及小亚细亚一带。喜温暖湿润气候，喜光，亦较耐阴，稍耐寒，可耐-8℃~-6℃低温。耐干旱，怕水涝。树高可达10~12米，树冠卵形，小枝绿色。花单生，雌雄异株。花期4月，核果椭圆状球形，熟时呈紫褐色。果熟期9月。古希腊人认为凡受到这种花祝福而生的人，才智极高，会受人尊重，因此，月桂树也常被用于制成英雄的桂冠。

月桂树的叶片具有革质，呈广披针状，边缘有波状。

月桂树的伞形花序簇生叶腋间，小花淡黄色。

智多星训练营

月桂树是希腊神话中的树木。相传，古希腊时代，皇帝和奥林匹克优胜者所戴的头冠，都是用月桂树的枝叶编成的，是一种荣誉的象征。因此，月桂树的花语是“骄傲”。

月桂树树姿优美，四季常青，孤植、群植、列植均可入景，是园林绿化的著名观赏树种。

绝代佳丽——郁金香

郁金香原产于地中海南北沿岸、中亚细亚、伊朗、土耳其、中国的东北地区等地，多年生草本植物，茎叶光滑具白粉。花型有杯型、碗型、卵型、球型、钟型、漏斗型、百合花型等，有单瓣也有重瓣。花

郁金香耐寒性很强，冬季如有厚雪覆盖，鳞茎就可以安全越冬。但是郁金香不耐高温，如果夏天来得过早，天气又很炎热，鳞茎就会进入休眠状态。

色有白、粉红、洋红、紫、褐、黄、橙等，深浅不一，单色或复色。花期一般为3～5月，有早、中、晚之别。因其花姿高挑，色泽艳丽，堪称草本植物中的绝代佳丽。

自然档案馆

纲：单子叶植物纲

目：百合目

科：百合科

智多星训练营

传说在第二次世界大战期间，有一年的冬季荷兰闹饥荒，很多饥民便以郁金香的球状根茎为食，靠郁金香维持了性命。荷兰人感念郁金香的救命之恩，便以郁金香作为国花。另外，郁金香也是土耳其、匈牙利等国的国花。

郁金香经过园艺专家的长期杂交栽培，目前已经培育出了8 000多个品种。它们色彩艳丽，变化多端，其中以红、黄、紫色最受人们的欢迎。

荷兰是郁金香出口大国，占全世界郁金香出口总量的80%。郁金香与风车、木鞋、奶酪并列为荷兰“四大国宝”。

郁金香是著名的观赏植物，它的根和茎可入药。

郁金香有种子，可以用来培育新苗，但是用种子培育要六年才能开花。现在人工培育多用郁金香地下鳞茎培育，一般第二年就能开出鲜艳的花朵。

翩翩君子——雏菊

雏菊株高15~20厘米。头状花序单生，花径3～5厘米，舌状花为条形，有白、粉、红等色。通常每株抽花10朵左右。花期3～6月。雏菊耐寒，宜冷凉气候。雏菊原产于欧洲，又名延命菊。它的叶为匙形，丛生呈莲座状，密集矮生，颜色碧翠。从叶间抽出花葶，葶花错落排列，外观古朴，花朵娇小玲珑，色彩和谐。早春开花，生气盎然，具有君子的翩翩风度和天真烂漫的风采。

雏菊花为条形舌状花，排列错落有致，花形娇小玲珑，色彩典雅，有白、黄、粉等色。

智多星训练营

无论是在遥远的北欧，还是在中国，到处都可见到这种植物。它的中文名叫雏菊，是因为它和菊花很像，都是线条花瓣。二者的区别在于菊花花瓣纤长而且卷曲油亮，雏菊花瓣则短小笔直，就像是未成形的菊花，故名雏菊。

雏菊耐寒，喜欢阴凉的环境。在炎热的天气中，容易枯萎，但在生长期需要有充足的阳光，不耐阴。

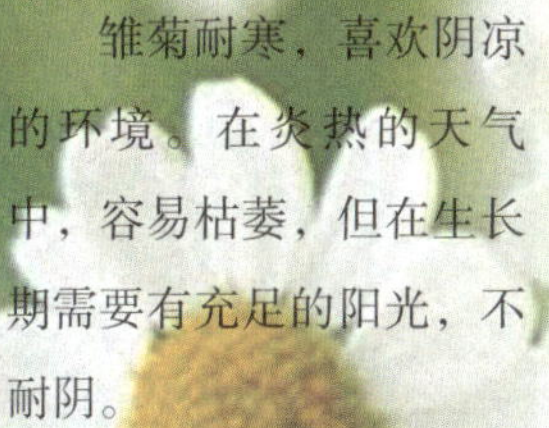

雏菊适宜作为室内植物，可以净化空气，美化环境，吸收电脑等家用电器带来的辐射，以及装饰材料散发出来的有害气体。

三叶草的祝福

三叶草是爱尔兰和凯尔特人的标志和象征。传说圣帕特里克在爱尔兰传教时使用的就是三叶草。而三叶草那蓬勃的长势也使它成为生命力的象征。除此之外，传说四叶草是夏娃从天国伊甸园带到大地上的，花语是幸福，又名三叶草。通常只有三瓣叶子，找到四瓣叶子的概率只有万分之一。

三叶草是优质的牧草，茎叶柔软，叶子量大，粗蛋白含量高，粗纤维含量低，既适合放牧牲畜，也适于饲养草食性鱼类。

智多星训练营

三叶草是多年生草本植物。高30～40厘米，根部有与根瘤菌共生的特性，分枝多，匍匐枝伏地生长，节间着地即生根，并萌生新芽。复叶，具三小叶，小叶倒卵状或倒心形，基部楔形，先端钝或微凹，边缘具细锯齿，叶面中心具“V”形的白晕；托叶椭圆形，抱茎。于夏秋开花，头形总状花序，球形，总花梗长，花白色，偶有淡红色。

三叶草生命力旺盛，可单播用作开花地，被常用于斜坡绿化，具有保持水土的作用。

爱的誓言——玫瑰

玫瑰与月季和蔷薇并称为“三杰”，其茎丛生，有茎刺。叶呈椭圆或倒卵形。玫瑰以其馥郁的香气与艳丽的花色而闻名世界。其花冠鲜艳，紫红色，芳香；花梗有绒毛和腺体。玫瑰果扁球形，熟时红色，内有多数小瘦果，萼片宿存。玫瑰长久以来就象征着美丽和爱情。古希腊人用玫瑰象征他们的爱神阿芙洛狄忒，也就是古罗马民族的维纳斯。玫瑰在希腊神话中是宙斯所创造的杰作，用来向诸神夸耀自己的能力。

玫瑰的种类繁多，色彩绚丽，大部分的玫瑰花都是利用几种比较常见的蔷薇属的植物改良、研发而成的品种。

玫瑰叶片边缘呈锯齿状，叶面深绿，叶脉下沉，形成很多的小沟，叶基部刺多对生，枝茎密生棘刺，有“刺玫花”之称。

玫瑰喜欢生长在阳光充足的地方，耐旱涝，适宜生长在土地肥沃的沙质土壤中。

玫瑰作为农作物，主要用于食品制作和提炼玫瑰精油，经济价值极高。

智多星训练营

月季、玫瑰因外形有些相似，而且英文名相同，所以常被混用，造成了许多所谓的玫瑰其实是月季的情况。事实上，掌握了玫瑰和月季的特征，还是很容易辨别的。玫瑰花的刺是针刺，用手无法取下；月季的刺是棘刺，与表皮相连，可以掰下来。单朵玫瑰花期不足两天；单朵月季花期通常超过两天。

香草之后——薰衣草

除具有观赏价值，薰衣草还是当今世界重要的香精原料。薰衣草在罗马时代就已是相当普遍的香草，因其功效最多，被人们称为“香草之后”。薰衣草还有“芳香药草”之美誉，适合任何皮肤，可促进细胞再生、加速伤口愈合，改善粉刺、脓肿、湿疹、平衡皮脂分泌，对烧、烫、灼、晒伤有奇效。

薰衣草的花、茎和叶上的细小绒毛中均含有油腺，稍微触碰油腺就会破裂，释放出带有木头甜味的清淡香气。

智多星训练营

薰衣草原产于地中海沿岸、欧洲各地及大洋洲列岛。多年生草本或矮小灌木，虽称为草，实际上是一种紫蓝色小花。叶互生，椭圆形披尖叶，或叶面较大的针形，叶缘反卷。穗状花序顶生，花色优美典雅，有蓝、深紫、粉红、白等色，常见的为紫蓝色，颀长秀丽，花期6~8月。

太阳之花——向日葵

向日葵是一种最高可达3米的大型植物，其盘形花序可宽达30厘米。向日葵夏季开花，花序边缘生黄色的舌状花，不结实。花序中部为两性的管状花，棕色或紫色，结实。瘦果，呈倒卵形或卵状长圆形，果皮木质化，灰色或黑色，俗称葵花籽，稍扁压。向日葵因花序随太阳转动而得名，花期可达两周以上。

向日葵花的颜色和大小因品种不同而略有差异，有橙黄、淡黄和紫红色等，极具观感，有吸引昆虫前来采蜜授粉的作用。

向日葵的花盘有追随太阳转动的习性。但是当花盘完全开放后，就会停止转动，固定朝向东方，以避免正午灼热阳光的照射。

智多星训练营

根据向日葵的习性特点，人们总结出人类社会中“向日葵一族”的特征：善于发现微小幸福，没有太大的野心，具有对负面情绪的钝力，能适当放低生活标准，选择喜欢的职业，抗压力抗打击能力较强，能随时随地发泄，具有感恩的心态、张弛有度的生活节奏、相互赞美的心态，对生活充满热情，拥有适当健忘的头脑，善于自嘲，常运用适当的精神胜利法，8小时之外有所寄托，嘴角习惯性上扬15°，容易发现事物好的一面。你也是向日葵一族吗？

图书在版编目（C I P）数据

动植物王国中的魅力明星 / 崔钟雷主编. -- 北京：知识出版社，2014.8

（奇趣百科大揭秘）

ISBN 978-7-5015-8176-4

Ⅰ. ①动… Ⅱ. ①崔… Ⅲ. ①动物 - 青少年读物②植物 - 青少年读物 Ⅳ. ①Q95-49②Q94-49

中国版本图书馆 CIP 数据核字(2014)第 193103 号

奇趣百科大揭秘——动植物王国中的魅力明星

出 版 人 姜钦云

责任编辑 周玄

装帧设计 稻草人工作室

出版发行 知识出版社

地　　址 北京市西城区阜成门北大街 17 号

邮　　编 100037

电　　话 010-88390659

印　　刷 北京一鑫印务有限责任公司

开　　本 889mm × 1194mm 1/16

印　　张 8

字　　数 60 千字

版　　次 2014 年 9 月第 1 版

印　　次 2020 年 2 月第 3 次印刷

书　　号 ISBN 978-7-5015-8176-4

定　　价 28.00 元